日本林業再生のための
社会経済的条件の
分析とモデル化

小堂　朋美

大阪公立大学共同出版会

写真３－１　兵庫木材センター構内
出所：筆者撮影（2015）

写真４－１　東河内株山共有林作業道
出所：筆者撮影（2015）

写真４－２　東河内株山共有林 SGEC 林
出所：筆者撮影（2015）

グラップル

ハーベスタ

ハーベスタ（高速コンピュータ GP-8搭載）

写真５-１　グラップル、ハーベスタ図
出所：イワフジ工業株式会社提供資料から引用

写真７-１　東河内株山共有林の広葉樹植林
出所：筆者撮影（2015）

写真７-２　「みどりの集い.COM」集合写真
出所：K社撮影、提供資料（2015）

写真７－３　金勝生産森林組合のレクリエーション施設用貸出森林位置図
出所：筆者撮影（2017）

写真７－４　金勝生産森林組合の提携整備森林
出所：筆者撮影（2017）

写真７－５　金勝生産森林組合のパートナー協定整備森林　出所：筆者撮影（2017）

目　次

はじめに

1．研究の背景

国会では、2017年12月現在、「（仮称）森林環境税」の導入に関する議論が交わされている。林野庁によると、これは温室効果ガス削減のための「森林吸収源対策」、及び「地球温暖化対策」に係る安定的な財源の確保を目的とする税制であるとしている。これは「荒廃した森林」を「間伐」（発育の悪い木を間引いて良い木を残すよう手入れすること）する費用を確保するための税制であるともいえる。ここでいう「荒廃した森林」とは、荒廃した主に「木材利用のために人為的に造られた森林」、すなわち「人工林」のことである。

「人工林」に対する森林概念は、ほとんど人の手を加えず自然の力で成立した天然林で、この2つのタイプに分かれる。「人工林」は、主として木材生産目的のために、すなわち、伐って使うために人為によって種子を播く、あるいは苗木を植栽して育てる森林である。「人工林」は、雑草木を刈り払い、植栽した苗木の成長を助ける作業（下刈りという(注1)）や、「間伐」や「つる切り」などの手入れ（これらの育成作業を総称して「保育」ともいう(注2)）が必要なため「育成林」ともいわれる。樹種については、現在、大部分は、スギ、ヒノキ、カラマツ、アカマツ、トドマツなどの針葉樹であり、広葉樹と比較すると成長が速く、建築用途に適している。

天然林の中には、全く人の手が入らないものではなく、伐採などにより消滅した森林が再び戻る場合、及び、幼木に保育作業を行う、さらに種子などから育つ過程を、人の手で補助する作業である「天然更新補助作業」を行った「天然生林」(注3)が含まれる場合が多い。これらは、日本の全森林の約59％を占めている(注4)。その中に入ると多種類の樹木が生育し、大木と低木が成す高低のギャップによって、森林内には明るい光が差し込んでいる。木々の下の地面（林床という）は、下草や苔に覆われ、湧水がにじみ出ている。

一方、荒廃した人工林の中に入ると薄暗く、林床は、茶褐色のスギの落葉の間から岩のように乾いた地面がむきだしになっている。木々の幹は、いずれも線香のように細く、根は地面から浮き上がっている部分すらある。「間伐」がなされていない「人工林」の典型的な森林はこのような状況にあり、健全な森林が本来持っている保水能力や、CO_2吸収能力などが著しく低下している。

ここで、なぜ「人工林」は手入れをしなければ荒廃するのかについて考えてみよう。それは、元々「人工林」は、人が樹木を木材として利用するために造った森林であるため、苗木を植えるとき（植林という）、木がまっすぐ伸び、利用価値が高まるように密集して植える。その後、ある程度の高さになると、節が少なくなるよう下枝を払い、さらに「間伐」をし、優良な木の太さを増大させ、最終的に伐採する。このような木の育て方（育林という）を前提として「人工林」は成り立つ。

ところが、この「間伐」を何らかの理由により怠ると、上記のような林床になり、水源かん養機能や、土砂災害防止機能のもととなる保水能力、及び地球温暖化防止機能、また、空気清浄機能のもととなるCO_2吸収能力などが著しく低下する。本稿では、これらの不具合が継続的に起こることを「森林環境問題」とする。

他方、世界をみると全森林面積は、FAO（国連食糧農業機関）のホームページによると約39億9900万haあり、その内、天然林は約36億9500万ha、「人工林」は、約2億9100万haといわれている。2015年の数値では、全体の93％が天然林で、残り7％が「人工林」となっている。「人工林」が全体に占める割合の時間的推移をみると、1990年は天然林が96％、「人工林」が4％、2005年には、94％と6％になり、2015年には上記の割合となっている。すなわち、世界においては天然林は減少し、「人工林」は増加傾向にある。

これらを、地図上の分布でみると、森林の減少が著しい国、または地域として、まず南米が挙げられる。特にブラジルの減少率が最多となっている。

次にインドネシアをはじめとする東南アジアの一部と中国、そして、中央アフリカとオーストラリアが減少している。逆に人工林面積の増加傾向による森林面積の増加が著しいのは、中国がトップで、次に米国、及びインド、ロシアとなっている。これらは、全体的には、天然林の喪失を「人工林」で補う傾向を表しているが、地域によってはこのような植林を行っていない地域もみられる（FAO［2015］）。

このような状況下、今世紀に入って「森林環境問題」は地球規模の課題となっている。持続可能な森林開発理念をもとに「持続可能な森林経営」（Sustainable Forest Management：SFM）は、世界各国の「森林・林業政策」の基本理念となっている[注5]。なお本稿では「森林・林業政策」とは、森林の持つ公益的機能と経済的価値を生み出す林業の機能、双方の視点にもとづく政策という意味で用いる。

ここで森林の定義を考えると、熊崎（2000）は、一般に「大木植生」といわれるものの中には、標高70mにもなる大木を軸にして、多くの樹木が密生する熱帯雨林のようなものもあれば、草原の中に樹木がまばらに成立するサバンナや、丈の低い灌木ばかりのものまで多種多様なものが含まれる。これらは常に変化しているため、どこまで森林とみるかは、一定の基準が確立しているわけではない。定義の仕方いかんで、森林面積は大きくもなり小さくもなると述べている。

本稿では、森林とは「森林法」第二条の定義（一、木竹が集団して生育している土地及びその土地の上にある立木竹、二、前号の土地の外、木竹の集団的な生育に供される土地、但し主として農地又は住宅地、若しくはこれに準ずる土地として使用される土地及びこれらの上にある立木竹を除く）による。

また、「森林環境問題」は、「保護」と「保全」という対立的とさえ考えられる２つの観点を持っているといわれている。久末（2011）は、「森林環境問題」において「保護」とは、自然を象徴的機能として静的に保存するのに対して、「保全」とは、利用を伴う動的な保存であるという。本稿では後者「保全」の立場をとり論を進める。

2．研究の目的と要旨

上述のように、日本の「森林環境問題」は、世界に多くみられる天然林の大幅な減少に起因する「森林環境問題」とは、性質がやや異なる特殊な課題を内包しているといわれている。それは、全森林面積の69％を占める民有林に多くみられる「人工林」における資源過剰、すなわち「間伐」の遅れによる森林の内部崩壊という沿革を持つ「森林環境問題」である。これは、日本林業の衰退によるところが多いといわれている。ここで民有林についてその意味を概略すると、森林所有形態の区分の1つで、国有林（国有林とは、国が所有する森林の総称(注6)）に対する語で、これはさらに、①個人、会社・社寺等法人が所有する私有林、②都道府県、市町村・後述の財産区が所有する公有林に大別される(注7)。

本研究は、日本の森林環境の持続的な保全のためには、林業再生、中でも人工林整備が急務であるという認識のもと、このための一般に適応可能な経済・社会的条件を探ったものである。日本では、民有林に多い約4割を占める人工林は、林業の衰退とともに手入れがなされず、森林環境悪化の原因になっている。換言すると、「民有林の人工林整備、すなわち路網整備と間伐」が喫緊の課題となっている。

海外をみると、所有形態が小規模であるなど条件は日本と似ているドイツは、森林のほとんどは「人工林」といった考え方にもとづき、林道の整備が成され林業が持続的に成立し林業先進国となっている。路網が整備されていることが大きい。そこで政府は2011年に「森林・林業基本計画」を変更し、「森林施業計画制度」から「森林経営計画制度」への移行をし、「所有と施行」から「利用と経営」への転換を図った。日本では、「人工林」は微増し、木材自給率もやや上向き、林業は再生の兆しがある。ところが、近年の間伐の採算性をみると、多くの地域では、木材生産の利益はほとんど発生していないことから、効率的な「施業」は行われていないのではないかと考える。

これまでの筆者の研究（単著にまとめている）においては、人工林間伐が進んだ「岡山県西粟倉村」や「京都府南丹市日吉町」の事例を分析し、持続的に人工林整備が成功する4つの必要条件（A）オーナー条件、（B）マネージャー条件、(C) 合意形成(地理的集合)条件、(D) 土地利用条件を示した。しかし、この4条件は、有能なリーダーシップに恵まれた、かつ、地域の協力が得やすいエリート的地域でないと成立が難しいと考えられる。

本研究(本稿は、筆者の博士論文「日本の森林環境の持続可能な保全のための人工林整備に適した一般的な経済・社会的条件の研究」を加筆・修正したものである)では、さらに西日本全域(兵庫県、高知県、岡山県、宮崎県、滋賀県、鳥取県)で8つの一般的成功例を詳細に分析した結果、特殊条件がなくとも、より一般的に人工林整備を持続的に行う要因を抽出し、(他地域でも応用できる)より一般化したモデルを構築できたので、それを人工林整備に適した一般的な社会経済的条件としてまとめたものである。

その1は、センター機能モデル(「兵庫県宍粟市」「高知県大豊町」「岡山県真庭市」で成立している手法)であり、2には、入会慣習機能モデル(「宍粟市」「宮崎県諸塚村」「滋賀県栗東市」で成立している手法)であり、3には、自伐林家モデル(「宍粟市」「鳥取県智頭町」で成立している手法)である。

さらに、3つのモデルの本質である2つのシステムの抽出を行うと、以上の3つのモデルは、「所有と利用の分離」と連動した、①事業メカニズム(大規模化による「規模の経済」の実現)の構築、②土地システム(土地集約化のためのソーシャル・キャピタルによる路網整備の促進)の構築の2つのシステムに集約することができる。①事業メカニズムには「センター機能モデル」の規模の経済を活かした大規模化がメインになるが「入会慣習機能モデル」「自伐林家モデル」による集約化も規模の経済に貢献する。②土地システムには「入会慣習機能モデル」が森林の面的まとまりの保持、及び合意形成にメインで貢献するが「センター機能モデル」「自伐林家モデル」による集約化も貢献している。したがって8つの一般的成功例を詳細に分析した結果、どの地域でも応用できるような人工林整備に適した条件は、「所有と利用の分離」と連動した事業と土地システムの構築であるといえる。

3．本稿の構成

はじめにでは、本研究の背景と目的を述べ、さらに、本稿の構成を概略する。

第Ⅰ章では、世界における天然林と、「人工林」の問題をみる。そして、日本の人工林問題について、より詳細に森林蓄積から調べ、次に、日本における「人工林」の地理的な配置を分類論により検討し、人工林問題が顕在化する都道府県を選出する。そして、日本の林業政策の流れを既存研究、及び政府統計により整理し、現在の人工林政策の方向性を検討することにより、問題を提起する。

第Ⅱ章では、既存研究を整理する。最初に、海外の森林・林業政策を概観する。資料として既存研究、及びFAOの統計を用い、その国の「森林法」と日本のそれとを比較する。次に、林業経営への取り組みの違いを検討し、日本の森林・林業の課題をより明確にする。

次に、日本の森林所有と林業経営について「林業地代論」を中心に戦後の沿革を概観する。そして、これらから日本の林業経営の課題を整理する。次に、効率的な林業施業に必要な「林地（林業が対象とする土地）集約化」の観点から、大規模森林所有に着目する。さらにこれを「大規模共有地」と単独の「大規模所有地」に分け、それぞれにおける森林所有と林業経営に係る議論を政府統計、及び既存研究により整理する。

第Ⅲ～第Ⅴ章では、８つの事例研究を行った。「兵庫県宍粟市」、及び「高知県大豊町」における大規模木材加工施設の建設、さらに「岡山県真庭市」における木材のエネルギー利用のための大規模木材集積基地建設、「兵庫県宍粟市」の大規模共有林における人工林整備、また、村の「要綱」により土地利用の一体化を図っている「宮崎県諸塚村」の事例、及び「滋賀県栗東市」の団体有林における人工林整備活動、「兵庫県宍粟市」と「鳥取県智頭町」における、森林所有主体の林業生産活動による人工林整備である。

第Ⅵ章では、大規模木材加工施設建設事業が果たす人工林整備促進について考察する。最初に、事例研究をもとに既存研究をレビューし、本稿の論点を絞る。これにより、大規模木材加工施設などの建設による事業が、人工林整備に効果を与える要素を抽出しモデル化する。

第Ⅶ章では、「入会林野」の慣習が現代的に機能する林野が果たす人工林整備促進について考察する。まず、「入会林野論」に関する最近の研究動向を、主に「オストロム」の資源管理論で捉え、本稿の論点を絞る。これによって、「入会林野」の慣習を現代的に変容させ、人工林整備を進めている「入会林野」の現代的意義を考察し、これらが人工林整備促進に効果を与える要素を抽出し、モデル化する。

第Ⅷ章では、森林所有主体による林業生産活動の活発化が果たす人工林整備促進について考察する。まず、事例研究と政府統計をもとに既存研究をレビューし、本稿の論点を絞る。これによって、森林所有主体が、林業生産活動を行う過程で、「林地の集約化」をどのように行っているのかを分析する。ここでは、農地の集約化の手法と、林地におけるそれとの相違点も踏まえて考察する。これらから、森林所有主体における林業生産活動が、人工林整備に効果を与える要素を抽出し、これをモデル化する。

第Ⅸ章では、第Ⅵ、Ⅶ、Ⅷ章の各モデルを２つのシステムにまとめる。

第Ⅹ章では、結論をまとめ、提言を行う。

おわりにでは、各章のまとめを行う。

〈注〉

（注１）（注２）林業 Wiki プロジェクト（2008）『森林用語辞典』による。
「林業 Wiki プロジェクト」は、ウェブ上で公開されている「現代林業電子辞典」の運営主体でもあり、この「現代林業電子辞典」は、ウェブサイト全体の管理者である日本林業調査会（J-FIC）のスッタフが中心となって、利用者の要望などをもとに、新語の追加、解説の見直しを行っている。

（注３）天然生林とは主として天然力を活用することにより成立させ維持する施業（天然生林施業）が行われている森林。この施業には、国土の保全、自然環境の保全、種の保存のための禁伐等を含む（林野庁［2011］『森林・林業白書』）。

（注４）残りの 41％は人工林である。林野庁 HP（2012 年度）「森林資源の現況」による。

（注５）環境省 HP（2012 年度）「森林対策」より。

（注６）（注７）林業 Wiki プロジェクト（2008）『森林用語辞典』より。

第Ⅰ章
日本の人工林の位置と政策の課題

本章では、「森林環境問題」を日本の人工林問題の枠組みで捉える根拠について、「人工林」に着目する理由をより詳細に検討する。まず、木が成長した量を体積で表す「森林蓄積(注1)」との関連性を検討し、次に、日本における「人工林」の地理的分布状況、及び木材市場における需給の動向をみる。さらに、これらが人工林問題に与える影響についても検討する。そして、日本の森林・林業政策を、主に戦後の流れで概観し、直近の2011～2016年におけるこれらから、その方向性を検討し、問題提起を行う。

1．日本の民有林にみられる人工林の蓄積増加の課題

日本全国の森林面積は、概ね増減はないが、これを民有林と国有林に分けてみると、1966～2012年の46年間に民有林は増加している。次に天然林、「人工林」別の面積の推移をみると、同期間に「人工林」は約30％増大し、天然林は約14％減少している。他方、森林蓄積をみると、上記と同じ期間中に「人工林」では約4.8倍になっている。特に民有林における「人工林」の森林蓄積は、増加が著しい（林野庁HP［2012年度］）。

さらに、林野庁統計（2012）によると、高齢級(注2)の人工林は全体の35％を占めているが、その内、10齢級以上の「人工林」は51％以上を占めるようになり、樹木が十分成長し、伐採する時期（伐期）を迎えているといわれている。計算上は、毎年増加する蓄積量を伐採しても、資源枯渇は起こらないとされているにもかかわらず、これらを伐採するための経済的、社会的条件が整わず放置されている。以下では日本のどの地域で、こういった人工林

問題が顕在化しているのか、これについて分析する。

2．日本における人工林問題が顕在化する地域の分類

本稿で取り上げる人工林問題は、「民有林における人工林」を対象とするため、全国農業地域別に都道府県ごとの森林率と民有林率、及び人工林率を政府統計により整理する。

最初に、表１-１のように全国の都道府県ごとの森林率を求め、これが50％以下の都道府県、及び自然条件的植生が大きく異なる沖縄県を含む11都府県は、都市型・その他とし除外する。それ以外の森林を民有林率、及び人工林率で分類する。まず、民有林率が90％以上の高位なものから60％未満の低位なものまでを順次$\alpha\beta\gamma\delta$とし、60％未満の道府県（分類記号ではδに該当する）は、反対に国有林が占める割合が多いため除外する。次に、残った府県の内、民有林率がγ以上の府県の人工林率をみる。これが、60％以上はａとし、順次bcdeと分類する（表１-２を参照のこと）。ここで、人工林率が全国平均の41％より低いｄ、ｅの府県を除外すると、21県が残る。

表1－1　日本の森林の民有林率と人工林率一覧表

全国農業地域名	都道府県	森林面積	森林率	民有林面積	民有林率	分類記号	人工林面積	人工林率	分類記号
		千 ha	%	千 ha	%		千 ha	%	
北海道	北海道	5,322	71	2,474	46	δ	1494	27	e
東北	青森	616	66	240	39	δ	273	43	c
	岩手	1,144	77	786	69	γ	495	42	c
	宮城	407	57	286	70	γ	200	48	c
	秋田	820	72	447	55	δ	412	49	c
	山形	641	72	313	49	δ	186	28	e
	福島	936	71	564	60	γ	343	35	d
北関東	茨城	189	31	—	—	—	—	—	—
	栃木	341	55	222	65	γ	156	45	c
	群馬	406	67	229	56	δ	178	42	c
南関東	埼玉	121	32	—	—	—	—	—	—
	千葉	157	31	—	—	—	—	—	—
	東京	76	36	—	—	—	—	—	—
	神奈川	94	39	—	—	—	—	—	—
北陸	新潟	799	68	576	72	β	163	19	e
	富山	240	67	180	75	β	53	19	e
	石川	276	68	250	91	α	102	36	d
	福井	310	75	273	88	β	125	40	d
東山	山梨	347	78	343	99	α	153	44	c
	長野	1,023	79	696	68	δ	445	42	c
東海	岐阜	839	81	683	81	β	385	45	c
	静岡	491	64	407	83	β	283	56	b
	愛知	218	42	—	—	—	—	—	—
	三重	371	64	349	94	α	230	62	a
近畿	滋賀	203	51	184	91	α	85	42	c
	京都	342	74	335	98	α	131	38	d
	大阪	57	31	—	—	—	—	—	—
	兵庫	561	67	531	95	α	240	43	c
	奈良	283	77	271	96	α	173	61	a
	和歌山	361	77	344	95	α	219	60	a
山陰	鳥取	257	74	227	88	β	140	54	b
	島根	520	78	489	94	α	206	39	d
山陽	岡山	484	68	447	92	α	201	41	c
	広島	609	72	562	92	α	201	33	d
	山口	437	72	426	97	α	196	45	c
四国	徳島	313	76	295	95	α	191	61	a
	香川	87	47	—	—	—	—	—	—
	愛媛	399	71	361	90	α	246	61	a
	高知	592	84	469	79	β	390	65	a
北九州	福岡	222	45	—	—	—	—	—	—
	佐賀	110	46	—	—	—	—	—	—
	長崎	241	59	218	90	α	105	45	c
	熊本	448	63	386	86	β	281	60	a
	大分	448	72	403	90	α	237	52	b
南九州	宮崎	587	76	413	70	γ	351	59	b
	鹿児島	582	64	433	74	β	294	50	b
沖縄	沖縄	105	46	—	—	—	—	—	—
	全　国	24,433	67	17,381	71		10,290	41	

出所：農林水産省 HP（2015）「農林業センサス」、林野庁 HP（2012）「都道府県別森林率・人工林率」より筆者作成

表１－２　分類記号の内訳

民有林率％		人工林率％	
90以上	α	60以上	a
71～90未満	β	50～60未満	b
60～70	γ	41～50未満	c
60未満	δ	30～40	d
		30未満	e

出所：筆者作成

さらに、21府県を「民有林率・人工林率」の高位な順にその程度により「最高位」「２位」「平均」の３段階に分け、各々の組み合せを「型」として分類し、双方の率が平均型の３県を除外すると18県が残り、表１－３になる。

表１－３　森林率・民有林率・人工林率の分類　（県名）

民有林率・人工林率共に最高位型	α—a	愛媛	徳島	和歌山	奈良	三重	
民有林率最高位・人工林率２位型	α—b	大分					
民有林率最高位・人工林率平均型	α—c	長崎	山口	岡山	兵庫	滋賀	山梨
民有林率２位・人工林率最高位型	β—a	熊本	高知				
民有林率・人工林率共に２位型	β—b	鹿児島	鳥取	静岡			
民有林率平均・人工林率最高位型	γ—a	—					
民有林率平均・人工林率２位型	γ—b	宮崎					

出所：筆者作成　注：—は該当なし

これによると「民有林率・人工林率」共に最高位型は、高度に人工林化が進んだ伝統的林業成立地域を含む近畿の２県と、四国の２県、及び東海の１県に存在する。民有林率が最高位で、人工林率が２位型は、北九州に１県存在する。同じく民有林率は最高位であるが、人工林率は平均型の県は、北九州に１県、山陽に２県、近畿に２県と東山に１県存在する。民有林率は２位であるが、人工林率が最高位型の県は、北九州に１県、四国に１県存在する。民有林率・人工林率共に２位型は、南九州に１県、山陰に１県、東海に１県、また民有林率は平均で、人工林率が２位型は、南九州に１県存在する。以上から、概して民有林率が高く人工林率も高い森林は、西日本に多くみられ、主に近畿、四国、南北九州、及び山陽、一部の山陰に存在するところから、人工林問題はこれらの地域に顕在化していると考えられる。それぞれの分類を地図上に示すと、図１－１のようになる。

次節では、森林・林業政策の流れから人工林問題をみてみよう。

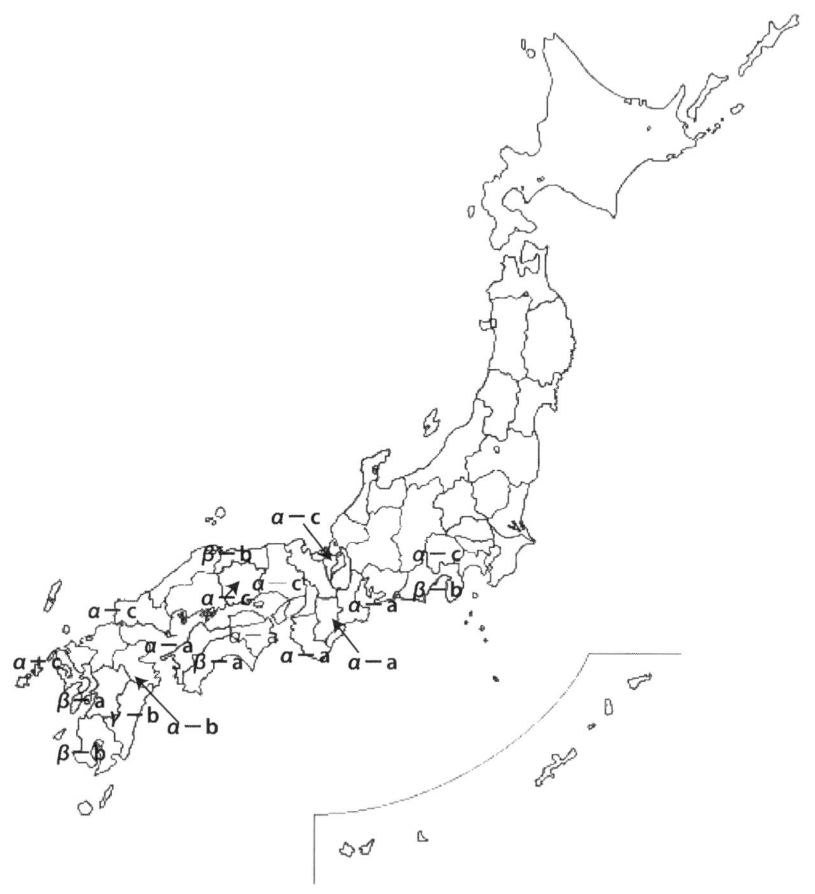

図１－１　高度な民有林率・人工林率を有する都道府県の分布図
出所：国土地理院白地図を用い筆者作成

3．日本の森林・林業政策の流れ、及び問題点

（1）明治後期～第２次世界大戦期

日本における森林・林業政策の流れを概観すると、表１-４のように整理できる。明治維新以降、急速な国家の近代化が進められた結果、木材需要が増え、各地で森林の濫盗伐が起こり森林が荒廃した。そこで、森林の保安機能の保持を主な目的として、1897年に「第１次森林法」が制定された。ところが、経済の発展が進むにつれ、木材需要は益々増大し、森林における資源確保、及び林業における生産性の増大に対応する法律の改正の必要性が生じた。そこで、産業助長法としての性格を持たせる目的で、1907年に「第２次森林法」の制定となった（遠藤［2012］）。

表1－4　日本の林業政策の流れ

年	森林法関係	目的	林業基本法関係
1897 (M30)	第1次森林法	濫盗伐を防止する保安機能の保持	
1907 (M40)	第2次森林法	木材需要の増大に対応する産業助長	
1911 (M44)	一部改正森林法	保安林に関する職権の移行の追加	
1939 (S14)	一部改正森林法		
1951 (S26)	第3次森林法	森林資源の維持・造成、生産力の増進による公共的・公益的機能の確保を目的とし、①森林計画制度②保安林制度③森林組合制度見直し	
1964 (S39)			林業基本法
1968 (S43)	一部改正森林法	「森林施業計画」制度を設立し、全国森林計画制度の民有林と国有林への二分化	
1978 (S53)			
1980 (S55)			
1983 (S58)	一部改正森林法	「市町村人工林整備計画制度」発足により、人工林整備の公的支援を市町村にも持たせる	
1991 (H3)	一部改正森林法	流域管理システムの確立	
2001 (H13)			森林・林業基本法 ↓ 森林・林業基本計画
2006 (H18)			↓ 森林・林業基本計画
2009 (H21)			↓
2011 (H23)	一部改正森林法	「森林・林業再生プラン」を法制面で具体化する目的、①土地使用権の設定手続の改善②森林の施業代行制度の見直し③無届伐採に対する行政命令の新設④森林所有者への届出義務⑤森林所有者に関する情報の利用⑥その他、国、地方公共団体が講ずる5項目の措置	森林・林業基本計画
2016 (H28)	一部改正森林法	森林資源の再造成の確保、国産材の安定的供給体制の確保、森林公益的の機能の維持増進の3本の理念を基に、①共有林の持分移転の裁定制度の創設②林地台帳の整備③伐採及び伐採後の造林の届出制度の見直し④鳥獣害防止に向けた森林経営計画等の見直し⑤奥地水源林の整備の推進⑥分収林契約の変更特例の創設	↓ 森林・林業基本計画

出所：林野庁 HP（2011、2016年度）「森林法の一部を改正する法律の概要」、（2011年度）「森林・林業基本計画の概要」、（2015年度）統計情報「林政年表」、「（2016年度）「森林・林業基本計画のポイント」、遠藤（2012）より筆者作成

注：M、S、Hは、明治、昭和、平成の年号を表す

目的	担い手	関連法、その他
	森林所有者 ↓	
		森林組合制度
		1950年「造林臨時措置法」による造林の強化、1960年「林業の基本問題と基本対策」による林業の企業化
戦後復興～高度経済成長期の膨大な木材需要に対応する「林業の安定的発展」と「林業従事者の地位の向上」	家族経営的林家	拡大造林政策、旺盛な木材需要に応えるための「木材輸入の自由化」
	林業の近代化の「担い手」としての森林組合 ↓	
		森林法から独立の「森林組合法」
		木材価格の下落、「地域林業政策」としての「流域管理システム」 1985年プラザ合意による円高
		「地域」から「流域」への林業強化
基本的な施策(1)森林の有する多面的機能の持続的発揮(2)林業の持続的、健全な発展(3)林産物の供給及び利用の確保		第7回気候変動枠組条約締約国会議（COP7）において京都議定書の運用ルールを合意 木材生産中心の政策から森林の多面的機能の持続的発揮へ
森林を3つのタイプ別に区分し、各々の機能重視の取組を促す		
森林所有者以外の事業体の森林施業・経営への参加を促す		
		「森林・林業再生プラン」による国内林業生産性増大
基本方針に(1)森林・林業再生プランの推進(2)地球温暖化対策、生物多様性保全への対応(3)国内外の木材需給を踏まえた対応(4)我が国経済の回復に向けた摸索と山村振興(5)東日本大震災からの復興への取組	「森林組合」「林業事業体」「大規模森林所有者」など	「森林施業計画」から「森林経営計画」制度へ、施業受託者への補助金の直接支払
基本方針に、前計画の評価を踏まえ、森林・林業をめぐる情勢変化への対応方向として(1)資源の循環利用による林業の成長産業化(2)原木の安定的供給体制の構築(3)木材産業の競争力強化と新たな木材需要の創出(4)林業、木材産業の成長産業化等による地方創生(5)地球温暖化対策、生物多様性保全への対応		木材の生産性増大を踏まえた「育成単層林」（木材生産対象）面積の縮小計画

（2）戦後～木材輸入の自由化直前の政策

1）「拡大造林政策」の推進

戦後の日本経済の復興期から高度経済成長期においては、旺盛な木材需要を背景に、一言すると林業生産力の増大と森林資源の育成が林業政策の中心であった。大内（1987）によると、第2次世界大戦直後の日本の森林は、過伐と伐採跡地の放置という状況にあり、水害、山地災害の多発という国土保全上の問題点と、経済復興に必要な木材供給が不足しているという問題点を顕在化させていた。

そこで政府は、「拡大造林計画」を打ち出し、民有林の造林未済地、約116万haの造林を図った。さらに1949年、「ドッジライン」[注3]にもとづく「経済復興5ケ年計画」を策定し、これに従う公共事業の改訂により200万haを造林した。

また、国土保全対策に係わる「保安整備強化事業」の一環として、1949年に「水源林造成事業」の実施を決め、さらにこの年、「造林臨時措置法」を制定した。この法は、知事指定の要造林地について、所有者が造林しない場合、知事が造林者を指定して植林させることができるという強い規制を有するところに、特徴があるとしている（大内［1987］）。

2）「拡大造林政策」進展下の「担い手」の変遷

一方、泉（1996）は、「拡大造林政策」進展下に打ち出された林業の「担い手」に関する3つの政策について、以下のように論じている。

その1が、1960年の「林業の基本問題と基本対策」による「家族経営的林業」政策である。これは、農業と同様に、林業においても「家族経営的林業」育成政策が掲げられたといわれている。すなわち、農業補完的な農林一体の考えにもとづく「農林自立経営」による林業であり、その「担い手」育成政策であった。これに対して、遠藤（2003）は、この政策は、林業分野における「林業の企業化」を推進することによって、「産業としての林業の自立」が成り立つことを構想した。その「担い手」として、森林所有規模が5～20haの「林家」（これを「家族経営的林家」としている）に焦点が当たったと指摘している。

その2に、ところが、その2年後には、「森林組合請負協業」が打ち出された。この「森林組合」とは、森林所有者の経済的社会的地位の向上と、森林の保続培養、森林生産力の増進を目的として、「森林組合法」にもとづいて設立された森林所有者の協同組合のことをいうが(注4)、この政策の背景には、これまでの手労働による農業付随的生産方法から資本装備の高度化と林業の専門性を備えた協業を促進する必要性があった。林業の近代化を図る上で、森林組合がその「担い手」として位置付けられたとする（泉［1996］)。

その3は、林業における育林の長期性と技術革新の困難により「規模の経済」が機能し難いことである。そこで、林業構造の改善を図るために、流通・加工・販売の一体化すなわち、「主産地化」が推奨される。ところが、この政策の難点は、育林段階の組織化、言い換えると、大量の均質材の短伐期生産と少量良質材の長伐期生産（長伐期施業ともいい、樹木の通常の伐採時期の約2倍（80～100年以上）の時期まで伐採を行わない手法をいう)(注5)の同時成立が、林業収入の安定化を求める個別経営、及び中小経営単独では困難であることにあった。すなわち、組織化が必要となり、再び森林組合の存在が着目される結果となる（泉［1996］)。

3）「林業基本法」の制定

さらに政府は、国内の木材供給力の増大を図る必要性から、1964年に「林業基本法」を定めた。この法律は「林業の安定的発展」と「林業従事者の地位の向上」を図ることを目的とした。この影響を受けて、1968年に「森林法」が改正され、これまでの「全国森林計画」を民有林に対するものと、国有林に対するものに二分化した。

換言すると、「森林計画」とは「森林法第4～5条」にもとづく、「全国森林計画」「地域森林計画（民有林対象)」、国有林の地域別の森林計画などをいい、「全国森林計画」は、農林水産大臣が立てる。これに即して、都道府県知事は、その「森林計画区」に係る民有林に対して「地域森林計画」を立てることになっている(注6)。さらに、この「地域森林計画」に沿って、個別の森林所有者が任意に作成した「林業施業計画」を認定する制度とした（遠藤［2012］)。

ところが、これらの政策も膨大な木材需要に応えることができず、1964年には、木材輸入の全面的な自由化が始まった。以下では、このことが政策に及ぼす影響について検討する。

（3）木材輸入の自由化以降の政策

1964年の木材輸入の全面自由化は、後年の日本林業に最大のマイナス要因を与えた。1970年代に入り、林業界は厳しい状況を迎えるようになった。白石（2012）によると、日本の林業は、円高による外材輸入の増大により、木材自給率が5割を切り、1980年をピークに木材価格は下落し始める（図1－2を参照のこと）。

（単位：円/㎥）

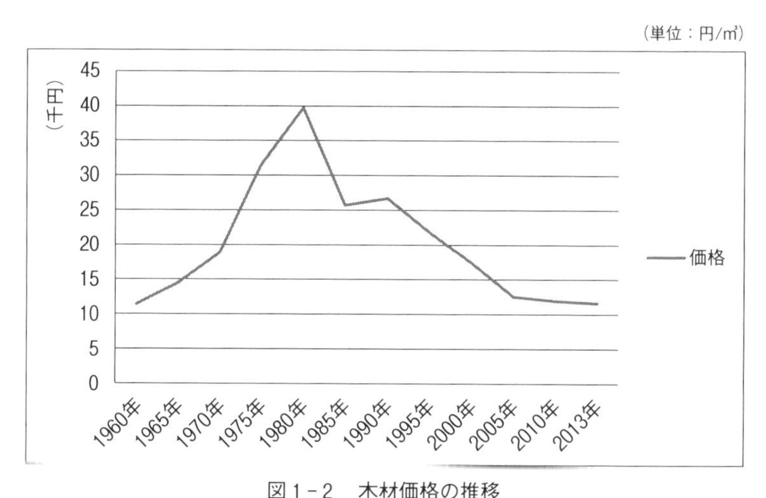

図1－2　木材価格の推移
出所：林野庁HP（2014年度）「木材価格の動向」より筆者作成
注：木材は、スギ中丸太（径14～22cm、長3.65～4.0m）の価格

林業の採算性の低下は、林業生産活動を後退させ、伐採量、造林面積共に急激に減少した。これまでの林業の量的拡大は実質的に終わり、これ以降の資源政策は、戦後、造林により拡大され、「間伐」や保育などの手入れが行われていない「人工林」をどのように整備するかが主な課題となった。

1980～1990年に打ち出された「地域林業政策」は、森林・林業政策に地域林業の考え方の導入を図ったものである。また、「流域管理システム」は、遠藤（2012）によると、「育林、伐出、素材流通、製材・加工、製品流通」のシステムを「流域」という明確な単位で形成しようという政策であり、やはり「地域林業政策」を提起しているとする。

これを受けて、1983年に「森林法」が改正され、「全国森林計画」、及び「地域森林計画」に「間伐」と保育に関する事項が独立して加えられ、同時に知事が重点的に人工林整備を行う「市町村人工林整備計画制度」が発足した。これまで知事が行っていた林業施業の勧告や伐採届の受理などが、都道府県から市町村へ譲られたことになる。この背景には、林業の採算性が悪化する一方で、人工林整備の公的支援の必要性は高まるが、国のみでは助成に限界があり、市町村に管理の責任を持たせる目的があったとする。

（4）現在の政策の方向性、及び問題点

2001年に政府は、従来の「林業基本法」を37年ぶりに抜本的に見直し、「森林・林業基本法」とした。この法は、森林・林業政策の憲法のような「宣言法」と呼ばれるものであり、森林・林業に関する「政策の理念」と「施策の方向」について示した法律であるといわれている[注7]。遠藤（2012）は、この法律をこれまでの「林業基本法」と比較して、最も顕著な違いは、前法が林業生産中心の政策であったのに対し、新法は、森林の多面的機能の持続的発揮を図ったところにあるという。

それでは、森林の多面的機能とはどのような機能をいうのか、本稿ではこれを林野庁の定義に即し、以下の8項目と規定する。1には、山地災害防止機能と土壌保全機能、2には、水源涵養機能、3には、地球環境保全機能、4には、木材などの物質生産機能、5には、文化的価値のある景観などを構成するなどの文化機能、6には、生物多様性機能、7には、気候緩和などの快適環境形成機能、8には保健・レクレーション機能がある[注8]。

また、当法では、林業再生の範疇で、森林所有者以外の主体も「森林施業計画」を樹立することができることを認めた。これにより、これまでは単独、または複数とその場所も分散的であった「森林施業計画」の対象を、面的に

まとめるよう限定し、規模と場所をまとめることにより一体的な「施業」を進め、森林所有者の代わりに適切な管理者が森林管理を行えるよう図った。これにより効率的な林業経営と森林の公益的機能の発揮を促した。

2009年には、政権交代した民主党政権が、林業をさらに梃入れし、「森林・林業再生プラン」を策定した。これは、「新たな森林・林業政策の基本的な考え方」を打ち出したもので、まず「基本認識」として、国内の成熟期に入った人工林資源を利用するための国内林業の生産性を上げなければならない。その一方で、外材は、世界的な木材需要の増加、資源ナショナリズム、及び為替の動向などから輸入の先行きが不透明である。さらに、地球温暖化防止への貢献などによる国内の木材利用の拡大に対する期待の高まりがある。これらを背景に、1には、「森林の有する多面的機能の持続的発揮」、2には、「林業・木材産業の地域資源創造型産業への再生」、3には、「木材利用・エネルギー利用拡大による森林・林業の低炭素社会への貢献」という3つの基本理念を掲げ、10年後の木材自給率を50％以上にする目標を唱えている(注9)。

これに沿って、政府は2011年に「森林・林業基本計画」を変更した。これを具体化した政策の要が、「森林施業計画制度」から「森林経営計画制度」(注10)への移行である。「森林経営計画制度」（以降「経営計画」と略す）とは、一定のまとまりのある森林において、適切な整備・保全を実施していく目的で定められた制度である。換言すると、林業施業の「集約化」を行うことにより、効率的な林業生産をもとにした健全な「森林経営」が可能となり、同時に森林環境保全も促進されるという観点にもとづく制度である。

ところで、「林業施業」（以降「施業」と略す）とは、具体的に何を行うのかについては、主に木材生産のために、伐採、造林、保育などの作業を適性に組み合わせ、森林に働きかけることをいう(注11)。したがって、「施業の集約化」とは、森林・林業白書（2016）によると、隣接する複数の所有者の森林をとりまとめて、「施業」を一体的に行うことであるというが、本稿では、森林の連続した「面的集約化」を重視する観点から、「施業の集約化」よりむしろ、「林地集約化」あるいは「林地の集約化」の用語を用いる。

一方、「森林経営」とは、末光（20131）によると、森林において上記の

「施業」をするなどして、森林から収益を得るために行う事業のこととしているが、本稿ではこの場合、収益を得るために行う事業は、「施業」に限らず、レクレーション利用、景観利用などに代表される森林の多面的な価値の利用を含む事業と規定し、後述の「林業経営」との違いを画す。

「経営計画」の論に戻ると、当計画では、計画の対象となる森林を、①林班計画、②区域計画、③属人計画の3種類に分けている。①は、森林の基本的単位である林班、または隣接の複数林班の面積の2分の1以上の面積が、認定基準を満たすことにより成り立つ。②は、市町村長が定める一定区域内において、30ha以上の面積確保で成り立つ。③は、所有面積が100ha以上で、所有者が単独で計画を作成する場合に限るが、所有森林と他の所有者から施業受託した森林も対象となる。

前制度の「森林施業計画」との大幅な相違点は、所有者に限らず、「間伐」などの受託者、すなわち「認定事業体」（一定の基準を満たし、認定された林業経営体）が、所有者の同意を得て、「経営計画」を立てることができるところにある。これにより、森林を単に所有しているだけの者より、経営（利用）する意欲のある者への支援を図り、「施業の集約化」、及び林道や作業道の路網整備の促進、さらに森林組合を中心とする事業体の体質強化[注12]と、これらを担う人材育成を目指している。

この新たに設けられた制度を受けて、2011年「森林法」の一部が改正された。その概要は、1には、森林の土地の所有者になった旨の届出を制度化した。2には、森林所有者に関する情報の利用などを図ることにより、自治体などの間で森林所有者などの把握に必要な情報を得やすくした。3には、国、及び地方公共団体が講ずる措置に、森林の境界の確定のための措置、森林に関するデータベースの整理など、及び「施業の集約化」などの事業の推進などの規定を設けた。

そして、5年ごとの見直しが義務付けられている「森林・林業基本計画」は、2016年の見直しにおいては、概ね2011年度の内容である「森林・林業再生プラン」の推進と地球温暖化対策、及び生物多様性保全への対応、また、国内外の木材需給を踏まえた対応、さらに、日本経済の回復に向けた摸索と山村振興などを踏襲している。前計画との相違点は、政策の目指すところを、

「森林の有する多面的機能の発揮」、及び「林産物（森林から生産された用材、ほだ木用原木、林野特産物をいう[注13]）の供給と利用に関する目標」と、目標の二分化を明確にしたことである。

「森林の有する多面的機能の発揮」に関しては、表1－5のように目標が、具体的な森林面積で表示されている。表中の「指向する状態」とは、2015年を基準に、現在約1030万haある「育成単層林」[注14]は、木材など生産機能の発揮を目的として整備する森林とし、660万haに縮小する。残りの内350万haは、公益的機能の一層の発揮のために「育成複層林」[注15]へ誘導し、20万haについては、伐採が強度に規制されている「天然生林」[注16]へと誘導する。そして、現存する1380万haの「天然生林」については、公益的機能の発揮のために1150万haを維持し、残りの230万haは、各種機能の発揮のため継続的な育成管理により「育成複層林」へ誘導する。

すなわち、天然林は引き続き保護・保全の方向性を維持し、「人工林」に関しては、面積においては縮小するが、より効率的な国産材生産の供給源として生産増強を図る方針を打ち出している。

「林産物の供給と利用に関する目標」に関しては、前計画の改正内容を補足する方向で、林業の持続的かつ健全な発展に関する施策の具体案として、スケールメリットを活かした林業経営、ここでいう林業経営とは、「施業」から生産物の搬出や加工・販売までの林業全般の経済行為に関する管理・運営をいうが、この推進を図るために、効率的な作業システムによる生産性の向上を成す経営感覚に優れた「林業事業体」（本稿では2005年のセンサス変更にもとづき「林業経営体」というが、細かくは森林の所有、借入などにより林業施業を行う権限を有する世帯、会社などをいう[注17]）の育成を掲げている。

表1－5　目標とする森林面積

（単位：１万ha）

	2015年（現況）	2035年	指向する状態
天然生林	1380	1320	1170
育成複層林	100	200	680
育成単層林	1030	990	660
合　　計	2510	2510	2510

出所：林野庁 HP（2016年度）「森林・林業基本計画」より筆者作成

（５）問題提起

2016年の「森林・林業基本計画」改正においては、前計画によって「間伐」が進み、木材供給量が25％増加したと評価しているが、木材価格は、図１－２のように1980年代の半額にも及ばない[注18]。これをさらに図１－３のように、木材売上額から伐採に係る生産費（経費）の額を差し引きした金額（概算利益）をみると、「間伐」の場合は０に近いといえる。これでは、森林所有者の林業経営への意欲喪失に歯止めをかけることはできない。効率的な「間伐」は進んでいないのではないだろうか。

（単位：円/㎥）

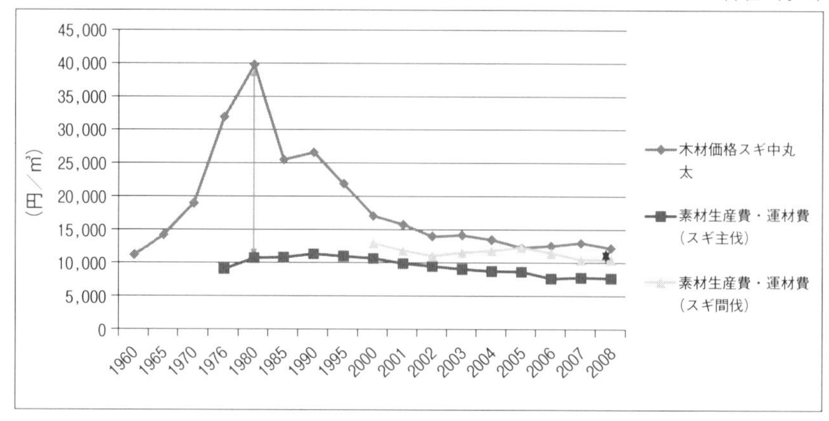

図1－3　木材価格と素材生産費の推移
出所：農林水産省 HP（2010年度）「木材価格」より筆者作成

一方、林業現場は、過疎・高齢化により、「担い手」（本稿では「担い手」とは、林業経営に関する知識を有し、高性能林業機械[注19]を操作でき、かつ現場で実際に施業できる者とする）不足が常態化し、「高性能林業機械化」に即した路網整備を進めるにも、所有者や境界の不明などに起因する合意形成の困難により捗らず、森林所有者の林業経営に対する無関心は増加している。なお、ここでいう「路網」とは、林道（森林の管理経営に必要な資材を運搬するため森林内に開設された道路の総称）や作業道（林道を補完し、林業作業を行うために設置される簡易な構造の道）の総称であり、または、公道、林道、作業道を適切に組み合わせた全体をいう場合もある[注20]。

この度の改正においても前回同様、誰が、どのような林業事業体または、林業経営体（以降「事業体」「経営体」と略す）が、「林地の集約化」を行い、効率的な「施業」により林業の生産性を高めることができるのか、その具体的な手法と主体像は盛り込まれていないのではないだろうか。

本稿では、効率的な「施業」とは、林野庁のいう「森林内の路網整備が進み、生産性の高い作業システムが定着している」こととし、これによる「間伐」の増大、及び路網整備の拡大を人工林整備の促進と規定する。そして、これを実践している「経営体」または「事業体」の事業が、人工林整備促進に効果を与える要素（効果の規定は後述の各章にて行う）を抽出することにより、モデルの一般化を試みる。

4．小括

世界的な森林環境保全問題は、天然林の過剰伐採による森林の荒廃といわれている。

日本では、林業の衰退によって、「人工林」の手入れ不足や放置が著しく、これが森林環境保全機能の劣化の要因となっている。これらは、地理的な配置では、概して西日本において、特に近畿、四国地方に相対的に多くみられる現象と考えられる。

一方、この問題を林業政策の経緯から捉えると、日本経済の高度成長期の政策は、森林資源の育成、木材生産の増大に主軸を置いていた。その後、日本林業が衰退し、木材価格低迷の長期化や国の経済が低成長期に入ると、政策は、放置人工林に対する利用間伐促進へと方向転換した。その上、近年では、国民の森林価値に対する公益性の要求も強まり、「間伐」は急務となっている。

日本では、「人工林」は増加し、自給率もやや上向き、林業は再生のきざしがある。政府は 2011 年に「森林・林業基本計画」を変更し「林業施業計画制度」から「森林経営計画制度」への移行をし、「所有と施業」から「利用と経営」へ転換を図った。

以上の背景下、直近の森林・林業政策は、「人工林」に関しては、面的にまとめ、かつより一層の木材生産の「効率化」を図っている。ところが、近年の「間伐」の採算性をみると、多くの地域では、利益はほとんど発生していないことから、効率的な「施業」は行われていないのではないかと考える。そこで本稿では、８つの一般的成功例を詳細に分析し、「経営体」などが、人工林整備促進に効果を与える要素を抽出し、より一般化したモデルを構築することにより、人工林整備に適した一般的な社会経済的条件としてまとめることとする。

〈注〉

（注１）森林蓄積とは、立木の体積をいうが、林野庁は、「木が成長した量を体積で表した」としている。林野庁 HP（2017 年度）「こども森林館」。

（注２）齢級とは、林齢を一定の幅にくくったもの。一般に５ヶ年をひとくくりにし、林齢１～５年生までをⅠ齢級、６～10 までをⅡ齢級、11～15 までをⅢ齢級…と称している。（林業 Wiki プロジェクト［2008］『森林用語辞典』）。

（注３）ドッジラインは、1949 年、連合軍総司令部経済顧問として来日したアメリカの銀行家 JM ドッジ（1890～1964）が日本経済再建、特に金融財政面について与えた指示。また、その指示に従ってなされた再建方針（新村出［1983］『広辞苑』）。

（注４）森林組合法は、1978 年森林所有者の協同組織である森林組合の設立根拠法として定められた。森林組合の発達を促進することにより、森林所有者の経済的、社会的地位の向上や森林の保族培養、森林生産力の増進を図り、国民経済の発展に資することを目的としている（林業 Wiki プロジェクト［2008］『森林用語辞典』）。

（注５）長伐期林業 HP「長伐期林業の費用分析」より。

（注６）地域森林計画の対象となる民有林は、自然的経済社会的諸条件、及びその周辺の地域における土地利用の動向からみて森林として利用することが相当と認められる森林となっている。農林水産省 HP（2000 年度）「地域関連用語」、林野庁 HP（2016 年度）「森林法」による。

（注７）「森林・林業基本法」は、最終改正は 2008 年に行われ、全七章から成り、第二章には、政府は、森林・林業基本計画を定めなければならないと記載されている。全国林業改良普及協会 HP（2008 年度）「森林所有者のための初級講座」による。

（注８）林野庁（2016 年度）『森林・林業白書』による。

（注９）農林水産省 HP（2009 年度）「森林・林業再生プラン」による。

（注 10）林野庁 HP（2012 年度）「森林経営計画」による。

（注 11）日田木材協同組合 HP「森林・林業・木材関連用語集」による。

（注 12）これについては、「森林法の改正」（2011）によっても裏付けられている。「「森林林業再生プラン」を法制面で具体化」（３）森林計画制度の見直しに、②森林所有者のほか、その委託を受けて長期・継続的に森林経営を行う者（森林組合等）が計画を作成（以降省略）と、盛り込まれている。

（注13）農林水産省HP（2000年度）「農林業センサス」より。

（注14）育成単層林とは、森林を構成する林木の一定のまとまりを一度に全部伐採し、人為により単一の樹冠層を構成する森林として成立させ維持する施業（育成単層林施業）が行われている森林（ウェブ茨城県「森林・林業用語の解説」[2012]）。

（注15）育成複層林とは、育成林のうち、樹齢や樹高の異なる樹木によって構成された森林のこと（林業Wikiプロジェクト［2008］『森林用語辞典』）。

（注16）天然生林とは主として天然力を活用することにより成立させ維持する施業（天然生林施業）が行われている森林。この施業には、国土の保全、自然環境の保全、種の保存のための禁伐等を含む（林野庁［2011］『森林・林業白書』）。

（注17）「林業事業体」は、農林業センサス用語としては、2000年の時点では、会社、団体、組合などの「林家（世帯を単位とした林業の担い手）」以外の担い手を示した。2005年に調査項目が変更され、「林家」、及びそれ以外の担い手は一定の基準により「林業経営体」とまとめられている。したがって、本稿では「林業経営体」と用語を統一する。

（注18）林野庁HP（2017年度）「木材需給報告書」素材価格累年統計による。

（注19）高性能林業機械とは、フェラーバンチャ、スキッダ、プロセッサ、ハーベスタ、フォワーダ、タワーヤーダ、スイングヤーダなどの多工程処理林業機械の総称（林業Wikiプロジェクト［2008］『森林用語辞典』）。

（注20）茨城県HP（2012年度）「森林・林業用語の解説」、及び（林業Wikiプロジェクト［2008］『森林用語辞典』）より。

第Ⅱ章 既存研究の整理

1．海外にみる人工林の沿革、及び森林・林業政策の展開

本節では、日本と同様に、かつて低位な林業生産性（生産性とは、その測り方は、これを原木に例えると「林業白書」（2011）では、間伐の場合、一人が1日に平均3.45m^{3}伐り出すと表記する）により、木材資源を外材輸入に依存した経緯を持ちながらこれを克服し、現在、その生産性において強い国際競争力を持ち、人工林林業の成立に成功しているドイツ林業の沿革、及びそれにおける森林・林業政策を概観する。

（1）ドイツにおける森林の所有形態と政策の概観

1）ドイツの森林所有形態の沿革と現状

ドイツの森林所有形態の沿革を神沼（2012）の論述により概観すると、18世紀を通して、ドイツの各領邦君主[注1]が所有する森林の多くが、国有林（州有林）となった。その一方で、「プロイセン」では、19世紀の大土地所有階級が、「ユンカー（Junker、プロイセンに多く存在した伝統的支配階級であった農場領主をさす[注2]）」へ発展し、現在、大規模私有林経営体となっている。

また、南部、西部では、農民が利用していたマルク共同体（Markgenossenschaft、ゲルマン社会、及び中世ドイツにおける共同用益地、すなわち、森林、放牧地、沼沢などの用益、管理を担当する組織をさす[注3]）の森林は、18～19世紀初期に集中的に分割された。

以上の経緯により、19世紀に国有林（州有林）、団体有林、私的大規模所

有林、農民的所有林の所有形態が固まっていったとしている。したがって、山縣（1999）は、一部の大規模私有林を除いては、私有林の所有面積規模は小規模で、95％が50ha以下であり、農業主体の経営体数が約75％、面積では50％強を占めているという。森林所有形態が、小規模で農業経営との複合経営が多くを占めるところは、日本と共通しているといえる。

ドイツの全森林面積は、国土の32.8％を占め(注4)、約1142万haで、ほぼ日本の人工林面積の約1000万ha(注5)に近い。

以下では、ドイツの森林・林業政策と日本のそれとの違いをみていく。

2）連邦制にもとづく「森林法」の性格

ドイツは連邦国家であるため、ベルリンの連邦中央政府と各州政府があり、規制的な「森林関連法」は各州によって定められている（大田［2009］）。ところが、1955年以降の林業採算性の悪化、及び1967年の大風害による倒木で、木材価格が大幅に後退したことが契機となり、国家の助成強化政策が強まった。この結果、1975年には「ドイツ連邦森林法」（以降「連森法」と略す）が制定されたという（堀［1994］）。

表2－1は、「連森法」と「日本の森林法」（以降「森林法」と略す）の概要を比較するために整理したものである。これによると「連森法」においては、法の目的が、森林の利用には経済的な利用と環境的な利用の2つがあることが定義されている。すなわち、森林所有者による林業利用と、市民による「保養のための利用」を保証する環境利用の2つを同時に成立させるために必要な2理念が中心となっていると考えられる。

さらに、「営林共同体」（「協同組合」ともいう）制度を設け、森林所有者、特に小規模森林所有者、及び狭小な土地、細切れの土地などの所有者が、林業経営上の条件不利を被らないように小口で分散的な生産の取りまとめを、「協同組合」（森林組合）に義務付けるなどの所有者支援も盛り込まれている。

3）日本の「森林法」との比較

次に、日本の「森林法」との比較を行うと、日本の場合は連邦制でないこ

表２－１　ドイツ連邦森林法と日本の森林法との比較

ドイツ連邦森林法			
総　則	第１条	法律の目的 （A）	：経済的な利用と環境的な利用のため 1、環境保全を持続的に 2、市民の保養（保護と保養機能） ：林業の支援 ：一般市民と森林所有者の利害調整
	第２条	森林の定義 （B）	：森は森林の植栽のある林地である。 ：すでに伐採された、あるいは、採光のために切り開かれた林地、林道、森を区分する境界部や、緩衝地帯、森の中の露頭や空き地、草地、牧草地、土場、ないしは、森とつながり、森に附属している土地もまた、森林として扱う。 （除外条件、省略）
	第３条	森林所有形態 （C）	：国有林＝連邦＋州＋州が認める他州との共有林 ：団体林＝自治体＋自治体連合＋目的連合＋その他の団体、公的な機関や財団などによる単独所有のもの ：民有林＝国有林、団体林以外のもの
森林の維持 基本的には、各州法によるものとし、右記の規定は、州法作成のための大枠の規定である。	第９条	森の維持 （D）	：開拓や利用転換は州の許可が必要 ：許可の決定については、権利、義務、森林所有者の経済的利害、一般市民の要求を考慮しなければならない。 ：森の転換は、特定の期間のみ認可し、賦課金納付による、再植林の確約が必要。 ：特に、保護林や保養林については禁止する。
	第10条	植林 （E）	：植林には州の許可が必要。 ：許可の決定については、他の公的規定等により決められている、または、州の計画に抵触していなければ必要としない。
	第11条	森林の管理 （F）	：森は、持続的に管理されなければならない。 ：州法によって、全ての所有者に対して、義務を規定する。 その１が、伐採された林分は、再植林する。 その２は、自然の再生が不十分な場合は、木の補充をしなければならない。
	第12条	保安林 （G）	：森は公衆に対する危険、重大な損害、重大な危害の防御のために必要な場合の措置を行う。または中止するために保安林に指定される。 ：皆伐やそれと同等の採光のための伐採は、州の許可が必要。
	第13条	保養林 （H）	：森は、公共の福祉のために必要であれば、保養のために林地を保護、手入れをし、保養林に指定することができる。 ：詳細は州法によるが、森林所有者に設備設置等の義務付を行う。
	第14条	森林への立ち入り（I）	：森への立ち入りは、保養の目的のために承認される。
営林共同体 承認された「林業事業体」「林業事業同盟」「林業連合体」の３種	第16条	林業事業体	：目的は、ひとつながりの林地の管理や植林のために特定された土地、特に、狭小な土地、不利な土地形態、細切れの土地等の構造上の不利を克服することにあり、所有者の民法上の共同体とされている。
	第17条	林業事業体の責務	：責務は以下のとおり 1、事業計画、見積もり、経営計画や個別の営林計画の票決 2、生産のための基本的な計画や木材の販売等の票決 3、森の耕作、土壌の改良、森林保護を含めた育林作業の実施 4、道路の建設と維持 5、木材伐採、加工、運搬の遂行 6、以上のための機会や器具の調達や導入
	第18条	承認	：承認は、法人としての法的責務を果たす条件を満たす場合州によってなされる。
	第21条	林業事業同盟	：目的は、第16条を遂行する公的法規の団体の中の耕地所有者の共同体であること。 ：責務は、第17条を適用。
	第22条	林業事業同盟の設立のための条件	：設立の条件は、営林的に、特に不適当な構造の地域のために設立するものとする。 その他１、共同体の広さ等による不利益に関して、その管理を根本的に改善する可能性を有すること。 その他２、共同体が木材市場において根本的な競争にもちこたえるようにできること。
	第23条	林業事業同盟の設立	：設立は、州法による定款の認可が必要であり、認可後、公示され成立する。
林業の支援、報告義務	第41条	支援（Ｊ）	：林業は、森のもつ利用機能、保護機能、保養機能のために第１条に沿って、支援されなければならない。 ：支援は、森の維持や持続的な管理のための投資の経済性という一般的な条件の確立を調整することを目的とする。この目的のため、林業は、特に、経済、運輸、農業、社会及び財政政策の手段で、その自然条件や経済的な特殊性を考慮して、その立場を明確にし、経済的に最適な条件のもとで利用し、維持されなければならない。 ：政府は、国の森林行政の経済的効果、そして、林業や国内木材業経営構造の動態や発展に関する、ないしは、林業事業統計上の理由から、「農業法」第４条に従って、ドイツ連邦議会に報告をするものとする。これらの報告はまた、保護、保養機能からのその負荷についても言及するものとする。 ：ドイツ連邦は、共同体の責務（1971年制定の「共同体の責務に関する法律の変更のための法律」）に従って、林業の財政的支援に協力するものとする。

出所：岸（2012）、林野庁ＨＰ（2016年度）「森林法」より筆者作成　注：英大文字カッコ書きは、ドイツの内容に近似するものを記号化した。○は、ドイツの森林法には、記述されていない内容を表す。内容は、本稿に関わりのあるもののみ選出し要約した。

日本の森林法			
総　則	第1条	法律の目的 （A）	：森林計画、保安林その他の森林に関する基本的事項を定めて、森林の保続培養と森林生産力増進とを図り、もつて国土の保全と国民経済の発展とに資することを目的とする。
	第2条1	森林の定義 （B）	：木竹が集団して生育している土地及びその土地の上にある立木竹 ：前号の土地の外、木竹の集団的な成育に供される土地
	第2条2	森林所有形態 （C）	：「国有林」＝国が所有者である森林＋「国有林野の管理経営に関する法律」に規定する「分収林」 ：「民有林」＝「国有林」以外の森林
国及び都道府県による森林対策と監督	第4条	農林水産大臣は、「全国森林計画」をたて、右記の事項を明らかにする（D）～（J）	（D）森林整備及び保全の目標、その他これに関する基本的な事項 （F）森林の立木竹の伐採に関する事項 （F）森林の保護に関する事項 （D）森林の土地の保全に関する事項 （E）造林に関する事項 （E）間伐及び保育に関する事項 （G）保安施設に関する事項 （H）公益的機能別森林施業を推進すべき森林の整備に関する事項 （J）林道の開設その他林産物の搬出に関する事項
	第5条	都道府県知事は、「全国森林計画」に即して、「地域森林計画」をたて、右記の事項を定めなければならない （D）～（G）	（D）対象とする森林の区域 （D）森林の有する機能別の森林の整備及び保全の目標 （F）伐採立木材積その他森林の立木竹の伐採に関する事項 （E）造林面積その他造林に関する事項 （E）間伐立木材積その他間伐及び保育に関する事項 （H）公益的機能別施業森林の区域の基準 （D）樹根及び表土の保全その他森林の土地の保全に関する事項 （G）保安林の整備、第41条の保安施設事業に関する計画その他保安施設に関する事項 （J）林道の開設及び改良に関する計画、搬出方法を特定する必要のある森林の所在及びその搬出方法その他林産物の搬出に関する事項 ○委託を受けて行う森林の施業又は経営の実施、森林施業の共同化その他森林施業の合理化に関する事項 ○森林病害虫の駆除及び予防その他の森林の保護に関する事項
	第10条の2	開発行為の許可 （D）	（D）地域森林計画の対象となっている民有林において開発行為をしようとする者は、都道府県知事の許可を受けなければならない。
市町村による営林助長及び監督	第10条の5	市町村は、区域内にある「地域森林計画」の対象となっている民有林につき、「市町村森林整備計画」をたて、右記の事項を定めるものとする。 （E）～（J） 同計画は右記の事項を定めるよう努めるものとする	（F）伐採、造林、保育その他森林の整備に関する事項 （F）立木の標準伐採期齢等立木の伐採に関する事項 （E）造林樹種等造林に関する事項 （E）間伐を実施すべき標準的な林齢等間伐及び保育の基準 （H）公益的機能別施業森林区域及び当該区域内における施業の方法等公益的機能別施業森林の整備に関する事項 （J）作業路網その他森林の整備のために必要な施設の整備に関する事項 ○委託を受けて行う森林の施業又は経営の実施の促進に関する事項 ○森林施業の共同化の促進に関する事項 ○森林病中害の駆除及び予防、火災の予防その他森林の保護に関する事項 （J）林産物の利用の促進のために必要な施設の整備に関する事項 ○林業従事者の養成及び確保に関する事項 ○森林施業の合理化を図るために必要な機械の導入の促進に関する事項
	第10条の7	森林所有者の「市町村森林整備計画」の遵守及び届出事項 （E）（F）	（F）森林の土地の所有者となった旨の届出 （E）（F）伐採及び伐採後の造林の届出
土地の使用	第49条	立入調査等 （森林所有者が対象） （I）	：森林施業に関する測量又は実施調査のために、市町村の許可を得て、他人の土地に入ることができる。 ：森林に重大な損害を与えるおそれのある害虫、獣類、菌類又はウイルスが森林に発生し、駆除又は予防のために、市町村の許可を得て他人の土地に入ることができる。

とによるところが大きいが、法律の目的は、林業に関わる全国的に統一的な「森林計画」の作成、及び水源かん養や土砂流出などの災害防備を踏まえた保安林などに関する基本的事項を定めることにある。ドイツにみられるような、森林所有者にとっての経済性と、一般市民にとっての環境利用を中心とした公益性にもとづく森林利用の位置付けについては、盛り込まれていない。

次項では、ドイツ林業が強い国際的競争力を持つ要因を検討し、その視点から日本林業の課題を整理する。

（2）ドイツ林業の強み

1）ドイツの高密度路網整備

林野庁 HP（2013 年度）「路網と作業システム」によると、ドイツ（旧西ドイツ圏）は、1960～1970 年代にかけて集中的に路網整備を進めた結果、図２-１のように路網密度（「路網」の距離を森林面積で除した数値を「路網密度」という）は、約 118m/ha と非常に高い。

梶山（2005）は、ドイツにおける一人当たりの木材生産性は、ほぼ２～10 m^3/時間であり、また、木材生産コストも 20～30 ユーロ/m^3（１ユーロは約 145 円）と、日本の２分の１以下である。ドイツの木材価格は日本のスギに比べ約３割低いが、生産コストが日本と比べて大幅に低いことにより、林業の採算性が確保されているとする。これらから、効率的な木材生産による採算性のとれる林業が成り立つ最大の要因は、高密度な路網整備にあると考えられるため、以下では日本の路網整備状況をみる。

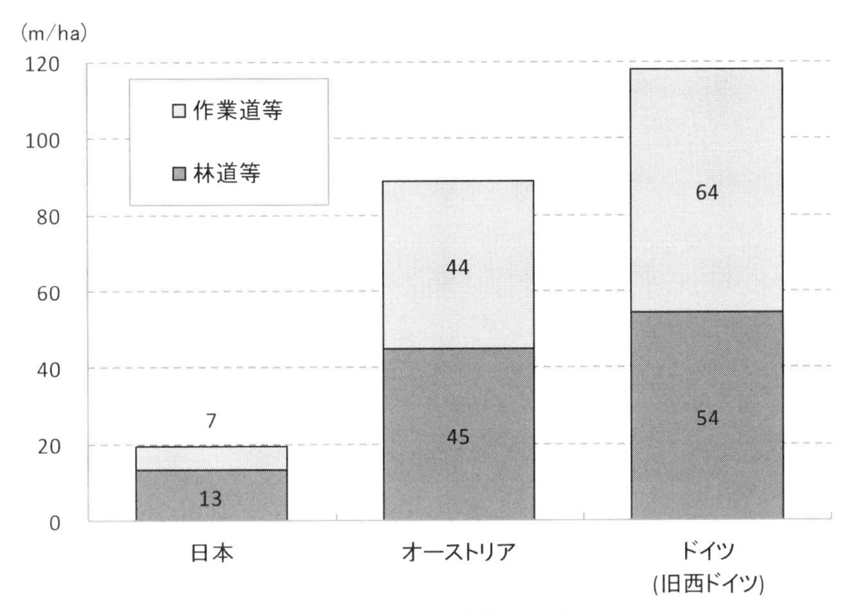

図２－１　路網密度の諸外国との比較

出所：林野庁 HP（2013年度）「路網と作業システム」より筆者作成

注：日本は2013年度末の数値、小数点以下四捨五入、オーストリアは1996年、ドイツ（旧西ドイツ）は1989年の数値を引用

２）路網整備状況からみる日本林業の課題

日本の路網密度は、上記図２－１のように約 20m/ha と、ドイツと比較するときわめて低位である。その原因は、林野庁によると、日本は高温多雨な気候であること、また、台風や梅雨による集中豪雨が常に発生する。さらに、地質的に複雑な地形、及び火山噴出物による特異な土質によるとする。他方、これまでの林道は、山村地域の交通の利便性の向上など地域の公益性・公共性重視の観点が強く、林業経営のための機能発揮が希薄であるところによるという考え方もある（林野庁 HP［2013］「路網と作業システム」）。

しかしながら、むしろ地籍調査の未整備が、日本の路網整備の推進を遅らせている最大の要因ではないだろうか。なぜなら、国土交通省の調査によると、2016 年度末現在の、全国の地籍調査の進捗率は 52％となっている。中でも林地に関しては45％の進捗率と、DID（人口集中地区）の24％に次いで調査が遅れている[注6]からである。ドイツにおいては、地籍は、ほぼ完全に整備されている。2014年8月14日付の「日本経済新聞」紙面上には、国土交通省の試算によると、「所有者不明の森林・農地」が2050年までに最大57万haとなることがわかった。その内訳は、森林が47万ha（総森林面積の1.9％）、農地が10万haとなっており、環境保全にも影を落としていると掲載されている。

間伐施業の「効率化」には、路網整備が不可欠条件であり、「効率化」が果たせない限り、木材生産コストを下げることはできないのではないか。日本林業の再生は、路網整備が鍵を握っているといっても過言ではない。

3）その他の要因

①森林の更新方法の違いが生み出す持続的林業

ドイツでは、池田（2008）によると、伐採方法として、皆伐せず、できる限り「天然更新」を取り入れている。この方法は、主として天然（自然）の力によって次世代の樹木を発生させる方法で、造林・植林の手間がかからないため、コストを下げることができるといわれている[注7]。

②製材業における構造変革

また、堀（2013）は、製材業における生産の集中化と、針葉樹製材への特化により国際競争力をつけたことが挙げられるとしている。つまり、価格が高い「幹材」が大量に消費されることが、ドイツ林業にとっての強みとなっている。

③大型製材への中小規模木材供給を支える森林組合の機能

一方、上述の大型製材の効率的な稼働には、大量の安定的な木材の供給が欠かせない。そのため、この変化に対応する供給側の体制を整えることが重要となる。ドイツでは、小規模分散的な森林所有者の生産を森林経営組合FBG[注8]が取りまとめている。

2．日本の林業資本と森林所有に関わる非近代性について

（1）地主制にみる問題点

1955～1965 年代は、日本経済の戦後復興から高度成長期であり、これによる木材需要の増大は、著しい木材価格の急騰を招いていた。ところが、当時の林業は育林過程（育林とは、森林をつくり育てていくこと、造林と同じ意味[注9]）における自然力への強い依存度、また労働粗放、及び各樹木が持つ一定の成熟期を人工的に平準化しないなどの技術的性格において、非近代性を有していた。その背景には、「育林生産」「素材生産」（森林内または、木材の集積場所において丸太をつくること。一般的に、樹木の伐倒から枝を落とし、用途に応じて一定の長さに切断し、集材するまでの過程をいう[注10]）共にその「実働者」は、低賃金にもとづく雇用労働によるところが多く、これらの労働が生み出す利潤が高い地代を支えていた。そのため、「施業」の「効率化」を前提とする利益の追求を目指す技術的な開発へ向けた意欲は、育ち難かった。したがって、所有が常に経営に優先し、育林資本は利子生み資本的性格を持つため、土地所有は、いわゆる有価証券投資と同等の意義を持つところから、森林は資産価値的性格を持ち、林業経営は地主経営の方向へ進んでいった。これらを、地主制にみる林業資本と森林所有に関わる非近代性の問題と、福島（1984）は指摘している。

（2）二範疇「林業地代論」にみる林業経営の位置付け

戦後の林業旺盛期の林業経営に関する代表的な既存研究に、二範疇「林業地代論」が挙げられる。それは、元々自然生育している樹木を伐採・搬出する「採取林業」と、植林・保育を経て伐採・搬出する「育成林業」の２つの異なる生産方法によって生じる地代をどう理解するかによって、概略すると論点が二分される。

その１つは、石渡（1952）を中心とする論で、石渡は、森林所有者が自ら林業経営を行うことを前提として、「育林生産」と「素材生産」の木材生産に関する２形態を二範疇「林業地代論」と論じ、「採取林業」の地代を「鉱山的地代」とし、「育成林業」の地代を「農業的な地代」と区分した。その

上で、「採集林業」の地代は差額地代Ⅰ（これは、場所（森林）を変えてより有利な生産地で生産することにより、場所の有利さの違いにより生み出される地代のことである）であると同時に「育成林業」の地代は差額地代Ⅱ（これは、一定の場所で資本を投下し、つまり人間が手を加えて生産性を上げることにより、その程度に応じて生じる地代のことである）とした。

他方、半田良一（1984）と鈴木尚夫（1984）を中心とする理論は、「採取林業」「育成林業」双方の生産方法は異なるが、林業の原基的形態は「採取林業」である。「育成林業」に投入される資本は、森林という自然力を持つ土地形態に対する森林改良の資本であって、これによって差額地代Ⅱは生じないと論じている（大阪市立大学経済研究所［1978］）。

以上の論考から、日本の戦後経済の復興～高度成長期において、木材需要が伸び続け、国産材供給もこれによって増大し、林業の旺盛期を迎えていたにもかかわらず、林業経営は自然力に依るところが多く、森林の「更新」のみならず、「伐採」「搬出」の各工程における技術的な進歩による生産性増大へ向けた変革は起こらず、これに携わる「実働者」に対する賃金も他産業より低かったといわれているところから、資本主義経済社会における一産業としての成熟度は低位であったと考えられる。

3．日本の林業経営を流通、及び生産コストからみる理論

（1）木材流通システムにおける非効率性

日本が持続的で収益性の高い林業を展開していくためには、生産・加工技術の改革と、流通・販売経路の簡略化が不可欠である。というのは、1980年以降木材価格が下落しているにもかかわらず、中間流通の諸経費が多くかかるコスト構造が続いている。その背景には、在庫を抱える中間流通業者の存在が必要とされている状況がある。すなわち、木材流通システムにおける非効率性に問題があるとしている「広島修道大学森林バイオマス研究会」（2013）。

（2）高付加価値化林業への発想転換の必要性

他方、木材輸入の自由化に伴う安価な外材の大量輸入こそが、日本林業衰退の最大の原因であるとする通説に異論を唱えた梶山（2011）は、日本林業再興の要は「木材流通・加工の仕組みの改善」にあると主張し、資源立地による競争力強化と木材用途拡大の必要性を説いている。

また、梶原（2011）は、国産材のシェアを伸ばすためには、大型製材による、木材を隅から隅まで使い切るカスケード利用を徹底し、間伐材による収益を上げていくことで、外材に勝たねばならないとし、木材のカスケード利用による製材の強化を唱えている。

さらに、効率的な林業施業についてまとめた酒井（2012）によると、高性能林業機械を用いて効率的な施業を行うためには、機械の稼働率を一定のレベルで維持できるだけの安定的な事業確保が必要である。この上で、工程数を少なくし、少人数で稼働させる作業システムを構築することが重要で、その場合に、もう一方の条件である路網整備の推進があり、これとの組み合わせに配慮しなければならないとしている。その路網整備を進めるには、「林地の集約化」が前提となる。そこで次に、林地の集約化状況をみるために、大規模所有森林に着眼する。

4．大規模共有林における森林所有と利用をめぐる議論

次に、効率的な林業施業に必要な「林地集約化」の観点から、大規模（規模の規定に関しては、後述を参照のこと）所有森林に着目する。これらは、大別すると大規模共有林と大規模（単独）所有林に分かれる。まず、大規模共有林における「林地の集約化」を検討するために、森林の所有と利用、及び管理の観点から「入会林野（いりあいりんや）（コモンズ）論」における現代的意義を整理する。

（1）法社会学による「入会林野」に係る用語の定義と歴史的位置付け

1）民法における「入会」「入会権」の定義

共有と「入会権」に関して、民法では、第263条「共有の性質を有する入

会権については、各地方の慣習に「入会権」は従うほか、この節[注11]の規定（共有）を適用する」としており、また、第294条においては「共有の性質を有しない入会権については、各地方の慣習に従うほか、この章[注12]の規定（地役権）を準用する」と規定している。

川島（1983b）は、民法の規定する「入会」は、必ずしも「収益行為」のみに限らず、「収益行為」をしない場合もあり得るとする。つまり、「入会権」とは、「村落共同体もしくはこれに準ずる地域共同体が土地（従来は主として森林原野（ただし、これに限らない）に対して総有的に支配するところの、「慣習上の物権」であるとしている。「総有」については、原則的には団体から離脱（他へ移住する等）すると権利を失う（内田［2012］）。

さらに「総有」の典型的特質に、合議における「全員一致制」が挙げられるが、戒能（1977）は、徳川時代の多くの村々における総百姓の「寄合」は、実力者の圧力がかかり、民主的な平等主義原理の上に立って行われていたものではなかったと述べている。これに対して川島（1983b）の理論はやや異なり、1には、徳川時代の「ムラ」を構成する「入会団体」は、合議制において平等であった。2には、「入会の対象」は、森林、原野、入浜などの土地である。但し、必ずしも徳川時代から引き継いでいるとは限らず、明治以降、「入会団体」が新たに購入したものもある。3には、「入会の目的」は、「ムラ」の共同財産の管理、必ずしも収益のためとは限らない。また「収益行為」が喪失しても「入会権」は消滅しない、これらの所有形態が「総有」であると述べている。

2）入会林野の定義

そして、「入会林野」と「入会権」「土地所有権」の経緯についてまとめた中尾（1984）によると、「入会林野」とは「部落」また「組」と呼ばれる一定の地域に住む人々が、集団的に共同で使用し、管理している森林・原野のことである。ある林野が「入会林野」であるか否かは、その林野の所有権が誰にあるのかということとは直接的には関係がない。「入会権」は、登記簿上の所有権覧には記載されていない[注13]から可視化できない「権利」である。「入会林野」の「土地所有権」が誰にあっても「入会権」は存在する、そういう意味では土地の所有権に左右されない権利であると論じている。

3）入会林野の歴史的経緯と近代的位置付け

徳川封建時代から承継した「入会林野」は、明治時代以降は解体の方向へ向かった。その理由を、笠原（1989）の論考より整理すると以下になる。明治政府にとっては、外的には資本の自由を保証する上で、林野の私的所有権の確立、及び森林資源の高度利用を妨げる封建的秩序である「入会権」は解体しなければならなかった。また、内的には林産物の商品化が進むと共に、林野の排他的独占所有が進んだことによる。

江戸時代の幕藩体制が確立した17世紀半ばにおいては、大部分の林野は、「村持山（むらもちやま）」「野山（のやま）」と呼ぶ、地域住民が共同利用し、排他性が認められていた「入会林野」であった。ここでいう村とは、「仲間共同体」「生活共同体」であり、川島（1983a）は、徳川時代の「村」を生活共同体としての「住民団体」として、それ以降の町村制にもとづくものと区別し、「ムラ」または「部落」と呼んでいる。

ところで、1910年から始まった明治政府による「部落有林野統一政策」（以降「統一政策」と略す）は、多くの課題を抱えていた。以下、黒木（1969）の論考を概略する。

明治政府は、1888年の「市制・町村制」の施行によって「ムラ」の「入会林野」を新市町村に移行させ、住民の「入会権」を解消する目的で「統一政策」を進めた。ところが、地盤所有名義は「新市町村」に編入されても、林野の「管理・運営・利用」の実質的主体は、これまでの「ムラ」にあることを認めさせる条件付きが半数弱あり、これ以外の強硬反対による名義切り替え、及び従来通りの残存も含むと「部落有林野」は依然として広大な面積を占め、「統一政策」は浸透しなかった。その結果「町村制」構築時に〈1〉村民が旧来の「村持財産（山野）」を旧町村持私有財産として「入会」を固持したものは、「旧財産区有林」となり（図2－2の（b））、〈2〉村民との協議により新町村名義に移転したものは「都道府県・市町村有林」（図2－2の（c））となり分離された。そして「ムラ」「部落」は、行政単位である「新町村」ができたときこれらの一部に編入され、現在も「大字」「小字」の名

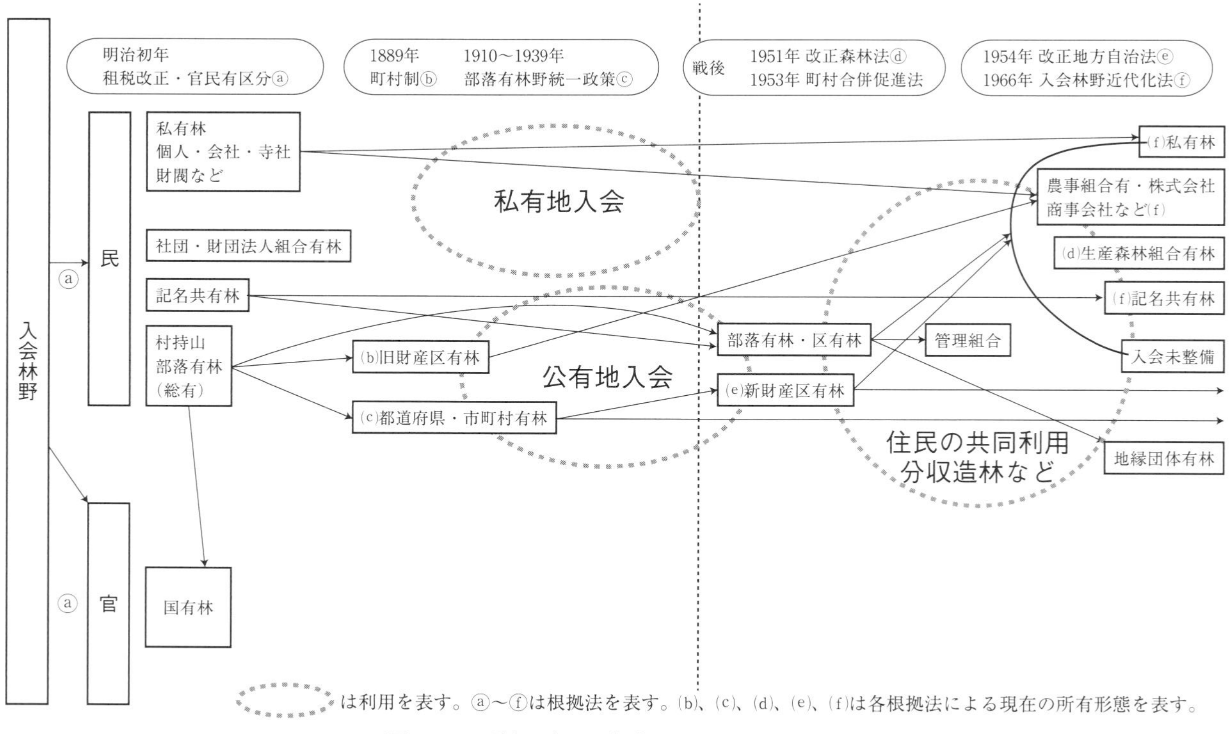

図２−２　明治以降の入会林野の所有形態の変容
出所：室田他（2009）より筆者作成

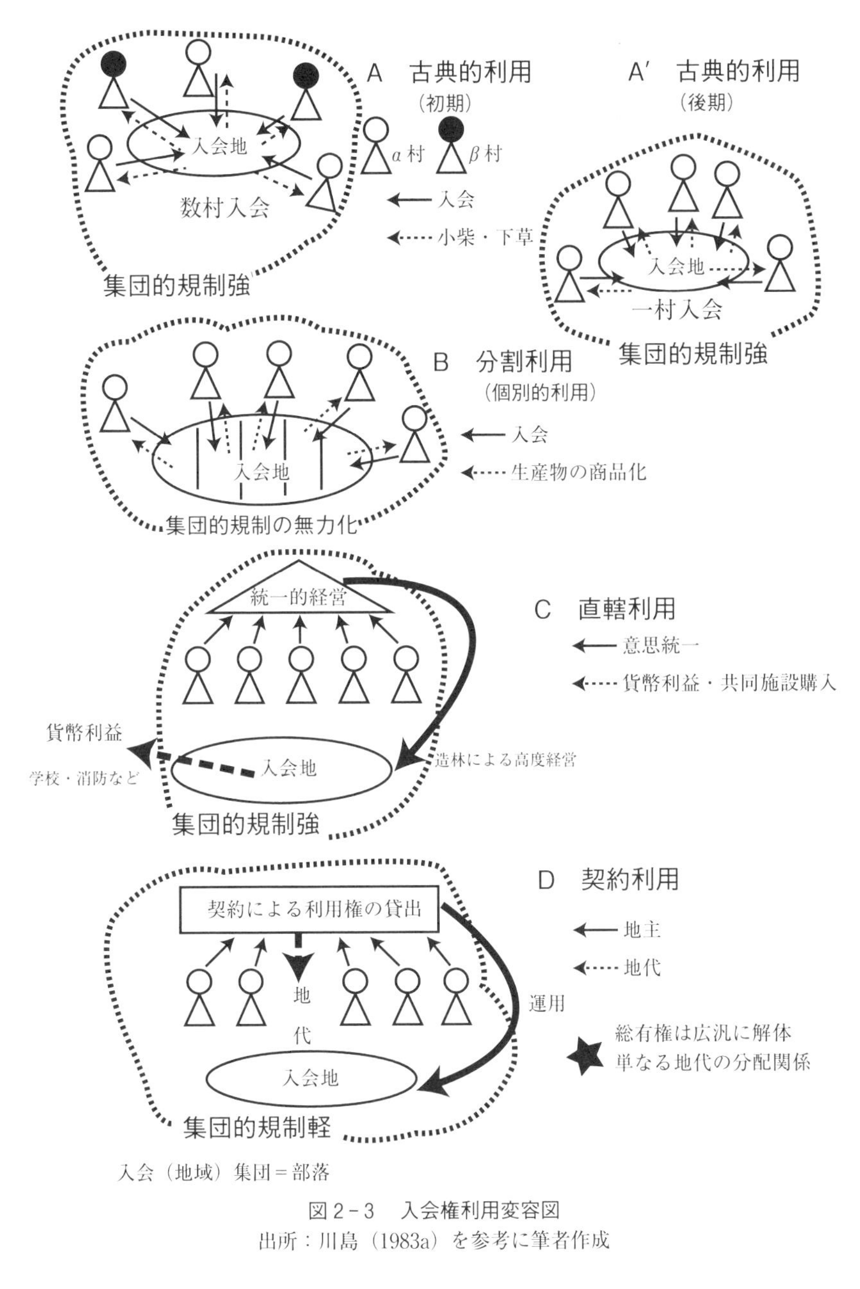

図2－3　入会権利用変容図
出所：川島（1983a）を参考に筆者作成

称となって残っている。

4）「入会林野」の解体と再編について

川島（1983a）は、明治以降「入会権」が広汎に解体した原因を、経済的要因と政治的要因、及び社会的要因に分けて分析した。その中の経済的要因の中心的要素は、「利用形態の個別化」であるとしている（図2－3を参照のこと）。

一方、中川（1998）は、「入会権」の古典的利用形態が解体する場合は2つの形態があり「消滅」と「再編」となる。すなわち、前者は「解体→消滅」であり、後者は「解体→再編」の過程を経ているとしている。「入会林野」は消滅したものもあるが、一方で集団的規制を緩和し、収益目的とその配分の仕方を変容させ、再編されているものもあるのではないかと推測する。

5）「入会林野近代化法」以降の位置付け

1951年、政府は「森林法」を改正し、その中の「森林組合法」において、「入会林野のうけ皿としての、森林所有者による協同組合である「生産森林組合（以降「生森組」と略す）」を制度化した。さらに、戦後復興に係る国土保全と木材需要の急増を背景に、「部落有林野」の利用の合理化と生産力増進、及び農民の所得向上を図るため、1966年（昭和41年）「入会林野等に係る権利関係の近代化の助長に関する法律」（以降「近代化法」と略す）を施行した。この法律の目的は、「入会林野」または「旧慣使用林野（市町村や財産区の所有する林野のうち、旧来からの習慣によって住民の一部だけが使用することが認められている林野のこと）」の農林業上の利用促進のため、これらの土地に係る権利関係の近代化を助長することにあった。

これに伴い、可視化できない非近代的「入会林野」の権利関係を整理し、入会権を消滅させ、解体先の受け皿として制度化されたのが「生森組」であるといわれている（堺［2005］）。

同時に、半田（2001）のいう「近代化法」の目的である「入会権者」の個別所有化ができない場合は、「共有形態」を認め、共同経営が合理的な場合は、近代的集団による所有でも良いとされ、「記名共有林」（下記④の1人または複数の代表者名義の共有林）が認められた。そして、以下のような、中尾（1984）が推定する登記簿上の土地所有者名義を持つ団体・組織になって現代に受け継がれている。①には、市町村管轄の財産区となり、②には、会社、及び法人（会社、社団法人、財団法人、生産森林組合、農業協同組合、漁業協同組合、農地実行組合）などの名義になった。③には、部落、大字、区、郷、組、村（現在の町村ではなく明治初期の村）などに、④には、個人または、数人の記名共有（個人単独所有、代表者（総代）名義、数人記名共有、完全記名共有など）に変わったものもある。さらに、⑤には、共有（ただ何名かの共有、人民共有などと記載されて氏名が記載されていないもの）があり、⑥には、その他（神社、寺院、任意団体、架空名義など）がある。

（2）コモンズ論における「入会林野」の現代的意義

1）地域の共同体意識が機能する森林管理

室田他（2003）によると、「コモンズ」とは、中世頃の英国に起源を有し、地域住民が共同で入会（いりあい）って利用する制度、またはその対象地である。

一方、近世の日本に起源がある地域住民の共有林野としての「入会林野」は、地域住民の前近代的な共有林野であるが、土地の共同利用において、その権利が「入会権」として認められることがあり、こうした「入会林野」や「入会権」は21世紀の今も日本の各地に生きているとする。

2）森林の公益的利用に機能する「複層的所有関係論」

笠原（1989）は、「入会」が有する性格を、利用収益の平等性、権利の分属性、生活共同体を支える公益性であるとし、森林の非市場経済的価値、すなわち公益性が重視され、この目的で森林を利用する現代では、公共の福祉が最大限に図られる所有関係は、「複層的所有関係」であり、これが最適であるという。その点「入会林野」においては、本来の性格上、利用収益の平等性、権利の分属性、生活共同体を支える公益性が機能しやすい。したがって、複数主体の権利が重なって存在する森林の所有形態が、「入会林野」と共通点を有するとし、森林の多機能な利用に必要な複層的所有形態の典型例としての「入会林野」に現代的意義を見出している。

（3）入会林野の過少利用の時代を踏まえた「入会林野論」

上述のように、日本における森林利用の態様の変化に伴い、「入会林野」の利用状況も時代と共に変容している。高村（2017）は、これまでの法社会学における「入会林野論」（高村は「入会権論」としているが、本稿では、これを井上（2001）の理論にもとづき「入会林野論」という）は、農業を基盤とした経済社会が変化し、次の産業による経済基盤が形成される過程で起こった農民の生存の基盤を擁護するために形成され、「生ける法」として評価されてきた理論である。ところが、近年の林業衰退の状況下では、「入会林野」の利用が低迷し、慣習の存在が地元民においても不明確で、境界の画定もし難く、「入会林野」が森林整備事業の妨げとなっているケースがある。したがって、森林の過少利用の時代においては、これを前提とした新たな理論的枠組みが求められる。そこで、過少利用を前提とした新たな代表的理論として、「オストロム理論」を挙げている。それは、地域住民が共有し、享受している地域資源、すなわち「コモンズ」の管理を地域コミュニティが自主的に行うことである。そのためには、組織の各人が有する権利の規定や、いくつかのルールをつくり、これらを制度化することによって、持続的な資源管理と、より良い活用が可能になるとする理論である。

次節では、単独所有による林業経営の動向に関する既存研究の議論を整理する。

5．森林所有にもとづく「経営体」の林業経営の動向に係る議論

（1）農林業センサスの調査体系変更にみる小規模「経営体」の動向

2000～2005 年の農林業センサス（以降「センサス」と略す）における「経営体」の動向をみると、ほとんど林業生産活動を行っていない約 66 万 8000 件に上る小規模な「経営体」（事業体ともいう）が存在し、これらを調査対象外とする外形基準が設けられた。

経営体数の推移をみると、全体的には 2005～2010 年の間に約 30％減少し、

2010～2015年の間では、約38％減少している。その内、「家族林業経営体」は、2005～2010年の間に、約29％減少し、2010～2015年の間では、約38％減少している。減少率が低い「経営体」は「法人」で、2005～2010年の間では、約28％減少し、2010～2015年の間では、約18％の減少となっている（農林業センサス［2005、2010、2015］）。

（2）「家族経営的林業」の現在的位置付け

遠藤（2003）によると、「家族経営的林業」（5～30haの森林所有の農林複合経営）は、戦後の「拡大造林政策」展開の過程で中心的な役割を果たし、森林所有者＝林業生産の「担い手」として期待が寄せられた。ところが、その後の木材輸入の自由化に伴う日本林業の衰退により林業政策も転換され、2011年に改訂された「森林・林業基本計画」における「家族林業経営体」の位置付けについて、以下のように指摘している。

2009年の「森林・林業再生プラン」（以降「再生プラン」と略す）では、森林所有者が「施業」を成し得ない場合は、代理者に委託する。そして、その代理者が所有者に代わってこれを受託し、徐々に「施業」ではなく「経営」の委託へ誘導することが必要であるとしている。さらに、この「経営」の「担い手」として「森林組合」が、その主体と成り得るよう勧め、森林所有者からの「経営の受託」を得るよう促している。このことは、「土地所有」にもとづく生産活動を否定する方向にある。森林の所有と経営を分離し、経営を「意欲と実行力のあるもの」へ委託するといった政策方針は、これまで日本の林業を担ってきた「家族経営的林業」を「担い手」として据えず、代わりに「森林組合」を起用したものであり、その背景にある「土地所有」の意義を問い直す議論をより深める必要性がある。

次に家族農林業経営体の生産活動の動向に関する議論をみてみよう。

（3）中小規模「家族農林業経営体」の生産活動について

佐藤（2013a）は、2005～2010年の「センサス」における素材生産量の変化をみると、「家族農林業経営体」の数は減少しているが、素材生産量は30％以上、上昇している。その背景には、「家族農林業経営体」が自家所有森林のみに限らず、施業受託（「施業受託」または「受託施業」とは、他者の「施業」（立木買いによる素材生産を含む）を請け負うことをいう[注14]）、立木買い（立木を購入し、伐採して素材のまま販売することをいう[注15]）による生産を増大させている実態がある。

一方、組織経営体は、この５年間に大規模化する中で分解が進んだのに対し、農林業兼業である「家族農林業経営体」は数を維持し、素材生産量を増やしている。しかもこれらの所有森林面積は、大部分が100ha 以下の層であり、生産量比率では、所有面積が100ha 以上の割合が増加するものの、１割に満たず、９割は100ha 未満の森林所有者である。

ところが、「経営計画」による単独計画が可能な最低森林面積は100ha 以上であることから、９割以上の「家族農林業経営体」が「経営計画」を立てることができなくなった。このことは、これまでの日本林業の主な「担い手」である中小規模「家族農林業経営体」の切り捨てであるとし、農業経営との結びつきによる林業経営が、生産性を増大していることに着目するべきであるとしている。但し、佐藤（2013b）は、上記の検証結果は地域により分布が異なり、対象となる地域は、全国農業地域別によると、北九州、東北、四国に多くみられる動きであるとしている。

６．小括

最初に、海外における森林・林業経営、及び政策に関する既存研究として、森林の所有形態において、多くが小規模で農林業兼業であるところが、日本と類似しているドイツ林業を採り上げる。ドイツでは、森林更新は主として「天然更新」により、皆伐は行わず、成長量だけ伐る循環型林業を行っている。また、連邦国家であるドイツは、基本的には各州の森林法によっているが、1975 年に「連邦森林法」を制定した。その内容は、森林は経済的な利用と環境的な利用の双方から利用されるべきであるとし、森林の経済性と公益性の両立を目指すコンセプトを明確にしている。

これと比して、日本の「森林法」は、主として林業政策と国土保全の観点から、国による「森林計画制度」にもとづき林業生産することを指図するトップダウン方式による、森林・林業の仕様書としての役割を果たすものである。この点は、ドイツとの大きな相異点と考えられる。

一方、ドイツが高い林業生産性を上げている要因の第一は、路網整備の促進による、路網密度の高さであり、これによる「機械化」が生み出す「効率化」が木材の生産コストを大幅に低減していることによると考えられる。したがって、日本林業は、地籍調査などによる森林の境界の明確化、及び所有者の明確化により、土地利用の合意形成を得やすくし、早急に路網整備を進めるべきである。その２には、更新の方法の違いによるコストの低減があり、３には、針葉樹に特化した大型製材業における生産集中化による製材製品の強みがある。４には、この製材需要の大型化を支える供給先の確保として、「森林組合」による中・小規模森林所有者の小口生産の「集約化」がある。

次に、日本林業の経営に関する既存研究、主として「林業地代論」をみると、戦後の復興期から経済成長期において、林業は、自然の力によるところが多く、技術開発などによる生産性の増大は図られず、生産の「効率化」は遅れていた。ようやく近年になって、林業を経営の視点、中でも生産性の増大や生産コストの低減の視点から捉える必要性が唱えられ、木材流通の簡略化の改善、また木材の高付加価値化が注目されている。

そして、これらの改革を行うためには、生産側における大量で安定的な木材供給が必要であるとする理論によるところから、次に「林地集約化」の観点から、大規模森林所有に着眼する。その所有形態は、概ね２つに分かれ、その１に「共有」によるものがある。この森林利用に係る理論として代表的なものに「コモンズ論」さらに、法社会学による「入会林野」に係る理論がある。

その２には、森林所有主体による林業生産活動の活発化に関する議論がある。政府統計によると、小規模森林所有の「経営体」は、規模が小さくなるほど今後の林業経営への意欲が薄れる傾向にあるという。他方、「家族経営的林業」、及び「家族農林業経営体」に着目した理論によると、直近の政策は、これらによる林業生産性増大への貢献度を評価していないとする批判がある。

〈注〉

（注１）領邦君主とは、ドイツが「神聖ローマ帝国」の時代に、これを構成していた地方の国家（領邦）が、1648年の三十年戦争などの内乱を治めていき、「神聖ローマ帝国」内の各領邦において領邦君主権が認められるようになった。これ以降、各領邦君主は、絶対主義的支配が確立するようになった。『日本大百科全書』（1988）小学館による。

（注２）東部ドイツにみられるが、特にプロシアに多く、15～16世紀に農場領主の領地が拡大され、領主裁判権も強化されて、プロシア社会の伝統的支配階級となった。『ブリタニカ国際大百科事典』（1988）TBSブリタニカによる。

（注３）『ブリタニカ国際大百科事典』小項目版（2014）TBSブリタニカによる。

（注４）数値は、国際連合食糧農業機構（FAO）HP（2015）「各国報告」による。

（注５）数値は、（2011）『森林・林業白書』による、2007年現在の統計である。

（注６）国土交通省HP地籍調査（2012年度）「全国の地籍調査の実施状況」による。

（注７）は、林業Wikiプロジェクト（2008）『森林用語辞典』による。

（注８）これ以外にFBV（森林経営団体）とFWV（林業連合会）がある。FAO、HP（2015）「「Countries」「Forests and the forestry sector」Germany」による。

（注９）（注10）林業Wikiプロジェクト（2008）『森林用語辞典』による。

（注11）この節とは、民法第三章　所有権とあり、第一節、所有権の限界、第二節、所有権の取得、第三節、共有、と明記されており、第三節、共有（第二四九条～第二六四条）に該当する。

（注12）この章とは、民法第六章　地役権（第二八〇条～第二九四条）に該当する。

（注13）不動産登記法によると、（登記することができる権利等）第三条として、一、所有権、二、地上権、三、永小作権、四、地役権、五、先取特権、六、質権、七、抵当権、八、賃貸借権、九、採石権が挙げられている。したがって、これ以外の権利は登記できないことになる。

（注14）（注15）農林水産省HP（2010年度）「用語の解説」による。

第Ⅲ章
事業プロセスに関する事例研究

本章では、既存研究を踏まえ、木材の高付加価値化と流通の簡略化を図る事業について調査する。その軸を、主としてこれら事業の立ち上げに至った地域林業の背景、及び参加民間事業体の仕組みと、これを支援する公共の役割に置き、事例研究を行う。なお、本稿で用いる「地域」とは、「森林法」にもとづく「森林計画」の内、都道府県知事が立てる「地域森林計画」、及び市町村長が立てる「市町村森林計画」の対象地である民有林を「地域」とし、これらをより細かく区分した「大字」「小字」に相当する範囲を「地区」と規定する。

1．兵庫県宍粟市における大規模木材加工施設建設の背景と概要

（1）大規模木材加工施設選択の根拠について

全国のいくつかの大規模木材加工施設の生産力において、顕著な成果を生み出している事例を調べると、遠藤（2011）が「大口需要に対応した新たな素材流通の担い手の誕生」として、2011年現在の国産製材ベスト30企業を挙げ、実績の概要をまとめている。この中に「兵庫木材センター」が挙がっている(注1)。

一方、兵庫県は、図3-1のとおり、2009年の素材生産量（針葉樹）が約17万 m^3 であったのに対し、2013年は24万 m^3、2014年は31万6000 m^3、2015年は36万1000 m^3 と、大幅に増加の一途をたどっている。また搬出間伐面積も2009年の538haに対し、2013年は1380haと著しく伸びている(注2)。そこで、これらの実績に貢献している可能性がある宍粟（しそう）

市に所在する「兵庫木材センター」の仕組みを調べることとする。

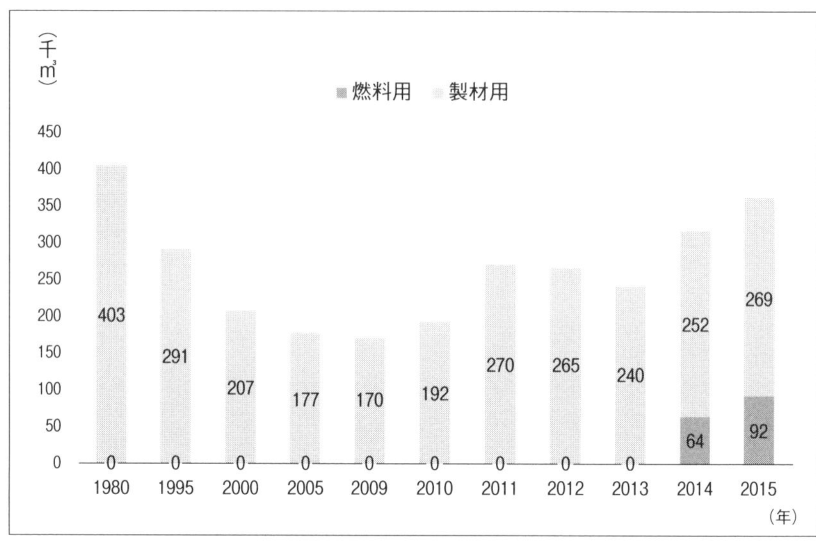

図 3－1　兵庫県における素材生産量の推移
出所：兵庫県農政環境部提供資料（2016）より筆者作成

（2）宍粟市の沿革、及び概観

宍粟市は、江戸時代初期に池田家が宍粟藩主となり、中期に山崎藩を含む 5 藩に分割されて明治に入った。明治政府による廃藩置県政策の結果、姫路県に編入され、1876 年に兵庫県に再編された。1954～1956 年にかけて山崎町、一宮町、波賀町が誕生し、1960 年に千種村が千種町になり、2005 年にはこれら 4 つの町が合併して現在の宍粟市となった。

地勢は、兵庫県中西部に位置し、京阪神と中国地方を結ぶ中国自動車道と山陽と山陰を結ぶ交通の要衝となっている。南北は約 42 km、東西は約 32 km に及び、面積は約 6 万 5860 ha あり、その大部分の約 5 万 9037 ha（90 %）が森林となっている。その内の 78 % は民有林で、さらにその中の 73 %（約 4 万 6000 ha）は「人工林」が占めている。標高 1000 m を超える山々もそびえる山岳地帯では、緑豊かな自然風景、清流や渓谷などによる景勝地が数多く存在している。

人口は約3万9008人で世帯数は1万4565戸（2017年4月現在）となっている。産業別就労人口（2010年）をみると、全体的には就労人口は減少しているが、近年、第2次産業の就労人口割合が増加し、県・国の平均割合を上回っている。男女共に林業の就労割合が高いことが、特徴的といえる（宍粟市［2013］「市勢要覧」）。

（3）宍粟市「兵庫木材センター」設立の背景

次に、施設建設に当たり、その事業目的を以下に概略すると、兵庫県（以降「県」と略す）内の森林資源は成熟期に入ってきたが、森林資源の循環利用を進める上で基本となる林業・木材産業は、小規模・分散的・多段階な構造にあり、国際的な価格競争に敗北し、多くの課題を抱えていた。このため「県」は、原木の集積から製材加工までを一体化した県産木材製品の供給拠点施設の整備をすることで、スケールメリットを活かし、加工、流通のコストダウンを可能にし、外材などに対し「品質・価格・供給力」において競争力を持つ木材製品の供給体制の構築を図った。これにより、「県」内の林業・木材産業の活性化を促すと同時に、森林所有者に対し、森林の保育などに要する経費の還元を実現し、森林が有する県土の保全や水源のかん養などの公益的機能の高度発揮に寄与することを策した（兵庫県治山林道協会［2000］、兵庫県農政環境部林務課ヒヤリング［2014］による）。

（4）大規模木材加工施設「兵庫木材センター」の概要

所在地は、兵庫県宍粟市一宮町安積字丸山217-20に位置し、設立は2008年で、本格稼働は2011年からとなっている。工場敷地面積は5haを擁し、組合員は公募・選定により、その数は、㈱八木木材他22社[注3]から成り、内13社が素材生産事業体である。

理事長の㈱八木木材　代表取締役　八木数也がリーダーとなっている。設備内容は、大型選木機、製材加工機、乾燥機、モルダー加工機、バイオマスボイラー施設を装備している（写真3-1を参照のこと）。

事業目的は、原木の集積から製材・加工までが一体となった県産木材製品の供給拠点として、スケールメリットを活かした加工流通経費のコストダウンを図り、外材などに対して「品質・価格・供給力」で競争力を備えた県産木材製品の供給体制の構築を目指すことにある。

（5）資金構成について

組合員による出資金は、13億9100万円となっている。事業費（イニシャルコスト）は表3-1のとおり、全事業費約30億円の内、建物、機械に当たる施設整備費20億円の50％を国が負担し、10％を「県」が負担している。用地造成、及び舗装工事費約10億円については、国が50％を、残りの50％を宍粟市が負担している。イニシャルコストに関しては、国、「県」、宍粟市の公共負担が大部分の割合を占めている。これは、農林水産省2007年5月「農山魚村の活性化のための定住等及び地域間交流の促進に関する法律」(注4)などにもとづき拠出された公的投資によっている。

表3-1　兵庫木材センターの整備内容

区　分		費用負担割合	事業費	整　備　内　容
施設整備	建物	国50％県10％事業体40％	約5億円	製材棟、製品倉庫、ほか13棟（延床面積1万750 m^2）
	機械		約15億円	選木機、製材機 人工乾燥機（15台）、加工装置等
用地造成・舗装工事		国50％宍粟市50％	約10億円	用地造成5 ha、舗装工、緑化工等

出所：兵庫県HP（2014年度）「事後評価調書」より筆者作成

2．高知県大豊町における大規模木材加工施設建設の背景と概要

（1）大豊町の沿革、及び概観

大豊町は、古くは豊永郷と呼ばれ、四国のほぼ中央に位置しているため、昔から南北を結ぶ交通の要として吉野川流域沿いに発展してきた。また、江戸時代には本町域の豊永郷全域と本山郷、甫岐山郷、上倉郷のそれぞれ一部から成り、参勤交代に利用される道路も整備され、立川番所が置かれるなど、

国防の要の地でもあった。1955 年 3 月に東豊永村、西豊永村、大杉村、天坪村の 4 つの村が合併し、大豊村が発足した。その後、旧天坪村の内の 5 集落が香美市に編入されたが、全国でも屈指の大村として現行の行政区画が設けられ、1972 年 4 月に町制を施行し大豊町となった。

以上の沿革を有する大豊町は、高知県東北端に位置し、東西に 32 km、南北に 28 km の広がりを有し、総面積は約 3 万 1506 ha となっている。急峻な山岳地帯に囲まれており、吉野川とこれに流れ込む支流が渓谷を成し、水資源に恵まれている。総森林面積は約 2 万 7730 ha（88 %）となり、その内、民有林が約 90 %を占めている（大豊町 HP［2015］「地勢・概要」）。

人口は 3817 人、2198 世帯となっているが、本町のみならず高知県全体が、高齢化と生産年齢人口の県外流出による大幅な減少という課題を抱えている（高知県教育委員会 HP「高知県の社会経済の状況」による）。

（2）「高知おおとよ製材株式会社」設立の背景

高知県では、県内の製材工場が年々減少し、木材加工力の低下が著しい。そこで高知県は、県内で生産された木材については県内で加工し、付加価値を付けて県外に出荷することが、産業育成の観点からは望ましいと考えた。また、県内の中山間地域においては、過疎・高齢化により人口減少が著しいことから、若者が働ける場の創出が必要であり、雇用促進のためにも、高知県の支援による大型製材工場建設が必要であった。以上の背景から、2012 年 1 月「高知おおとよ製材株式会社」（以降「おおとよ製材」と略す）が設立され、2013 年 7 月に稼働した。

（3）施設の概要、及び資金構成

施設の概要は、高知県長岡郡大豊町に位置し、岡山県に本社を置く「銘建工業株式会社」「高知県森林組合連合会」「大豊町」「高知県素材生産業協同組合」が株主となっている。資本金は 9700 万円で、施設整備費に関しては、総額約 28 億 8170 万円の内、国費負担が、全体の 50 %弱に当たる約 11 億 5000 万円、県費負担は、約 6 億 2650 万円と全体の 22 %を占めている。この県費の出所は、「森林整備加速化・林業再生基金」、及び「企業立地促進事業費」となっている(注5)。稼働開始期当面は、年間の原木取扱量は5万 m^3 となるが、常時は10万 m^3 を目指している。

3．岡山県真庭市における木材のエネルギー利用施設建設の背景と概要

次に、岡山県真庭市における木材のエネルギー利用施設の建設が、地域の未利用木材などを集積している事例を調査する。木材のエネルギー利用には、概して熱利用と発電利用の2つの方法がある。熊崎（2014）によると、木質資源を中心とするバイオマスの得意分野は、熱供給であるとする。真庭市では、これを熱供給から導入し、発電供給へと進んでいる。以下ではその過程をみてみよう。

（1）真庭市における林業の沿革と市の概要

真庭地域は、江戸時代末期からタタラ製鉄を支えた森林資源が豊富な地域であった。地域が、本格的な植林を行い始めたのは明治中期以降といわれている。1936（昭和11）年に鉄道が開通し、これが木材産業発展の起爆剤となった。そして、戦時中は、軍需用木材の供給源として地域の林業は活気を呈していた。戦後の復興期には、「真庭郡林産組合」を設立し、貴重な燃料であった薪の販売を行うことにより林業は最盛期に入っていった。その後の日本経済の成長期には、木材需要の急速な拡大により、度々供給が逼迫する状態が続いていた。そのため1960年に原木市場を開設した。1980年代後半から高度な木材乾燥の必要性を痛感していた真庭地区の製材業者は、早期的にこの体制を整備し、製材品の品質管理の水準の高さにおいては、日本の最先端の産地を形成していた（真庭市産業観光部［2012］）。

現在の真庭市は、2005年3月に真庭郡勝山町、落合町、湯原町、久世町、美甘町、川上村、八束村、中和村、及び上房郡北房町の9町の合併により誕生した。地勢は岡山県北部の中国山地のほぼ中央に位置し、東西に約30km、南北に約50kmの広がりを有している。総面積は約8万2853haで、その内の約79%に当たる6万5582ha（2017年現在）が森林である。人工林率は

58.9％となっており、岡山県の平均が40.6％であるのと比較すると高いといえる。2017年12月現在の人口は、4万6520人、世帯数は1万7853世帯となっている（真庭市HP［2018年度］「真庭市の概要」）。

（2）バイオマス利用構想への経緯と概要

上述のように古くから製材業は盛んであったが、1970年代後半から第1次、第2次オイルショックの影響もあり、木材需要は低下し、価格も低下傾向に入った。1980年代後半～1990年代中頃に若干の持ち直しがあるが、1996年以降、木材需要は減少の一途をたどり、価格は1980年のピーク時の約半分にまで落ち込んでいる。その後も、木材価格の下落により林業の衰退状況が続いていた。

そこで、1990年代初期から、高速道路の建設などによる地域産業の衰退や、人口の流出といった地域の将来を危惧する木材産業を中心とした企業家の若手メンバーによる勉強会が始まった。ここでは、地域にある財産ともいえる木質資源に再び着目し、これを活用する取り組みを各自・各社で実践することに目標を定めた。つまり、主要産業であった林業・木材産業を基盤とし、発生する副産物の多角的活用（エネルギー・マテリアル）をもって、異業種を含む産業連携を築き、地域産業の活性化を目指したのである。その結果、構想した事業が、木材の付加価値を高める「バイオマス利用」である。

このような民間企業の動きに対応し、2006年に真庭市は「バイオマスタウン真庭」を構想し、バイオマスエネルギーの受け入れ先の整備を行った。つまり、市庁舎や農業用ハウスなどにおける冷暖房利用をはじめとする「真庭市バイオマス利用計画」を策定した。そして2008年に、バイオマス事業に必要な燃料の安定供給のために、熱利用のためのボイラー導入を進め、「真庭バイオマス集積基地」を設置し、真庭木材事業協同組合や地域の大型製材会社を含む地元企業、真庭森林組合、商業施設、農家、住民などを巻き込むプロジェクトを組んだ[注6]。

（3）「真庭バイオマス発電株式会社」の概要

さらに2013年には、バイオマスの発電利用を目指し「真庭バイオマス発電株式会社」が、真庭市目木（めき）の「真庭産業団地」に設立され、2015年4月から稼働している。使用燃料は年間14万8000tで、これには地域、その周辺を含む林業・木材産業より、未利用材約9万t、製材による端材約5万8000tが、安定的な燃料供給源として充てられている。発電能力は、1万kw（2万2000世帯分の需要）と国内最大級といわれている。資金構成は、資本金が2億5000万円で、事業費（設備導入費）約41億円（内、14億円は、林野庁の「森林整備加速化林業再生事業」の補助制度による）に上り、事業主体は、製材業者、銘建工業、真庭市、真庭木材事業組合、真庭森林組合などの10団体で構成されている(注7)。

4．小括

大規模木材加工施設、及び木材のエネルギー利用施設は、「間伐」によって生じる大量の未利用木材などの安定的な供給を条件として成り立っている。これら施設の建設には、地域の木材産業を中心とした民間企業による主体的な取り組み姿勢とイニシャルコストを負担する公共支援が不可欠条件となっている。結果的に、各施設は木材消費量を増加させ、順調に稼働している。

〈注〉

（注1）遠藤（2011）によると国産材製材ベスト30の1位は栃木県「トーセン」で原木消費量は28万m³、2位福島県「協和木材」で18万m³、27位が兵庫県「兵庫木材センター」で5.5万m³となっている。

（注2）兵庫県HP（2010、2011、2012、2013年度）「兵庫県林業統計書」より。

（注3）内訳は以下のとおり。 森林組合：しそう森林組合、素材生産：㈲杉下木材、平和林業、㈲清水木材、㈲藤原木材、長田製材所、秋武木材、㈱キョウワ、清水林業、神戸レザークロス、㈱山田林業、サンリン、日本土地森林㈱　製材：㈱大成、㈲丸正木材、㈱トーセン、㈱大野製材所、㈲くがい林業、合板製造業：林ベニヤ産業㈱、集成材製造業：衣笠木材㈱　建材卸売業：㈱中塚木材商店、工務店：㈱山弘。

（注4）2007年法律第48号「農山魚村の活性化のための定住等及び地域間交流の促進に関する法律」による。

（注5）高知県林業振興・環境部提供資料（2015）による。
（注6）真庭市産業観光部（2012）「バイオマスタウン真庭の取り組み」による。
（注7）自然エネルギーHP「バイオマス発電を支える地域の木材と運転ノウハウ」による。

第Ⅳ章

土地システムに関する事例研究

1．事例地選出の根拠

前章の大規模木材加工施設の建設に当たっては、この施設への大量の木材供給を支える川上（生産側）における、安定的な供給体制づくりが不可欠条件となる。そのためには、効率的な木材生産を促進する仕組みが必要なのではないかという考えにもとづき、本章でこれを探る。すると、人工林整備を積極的に推進している事例として、兵庫県宍粟市が挙げられる。それは、大規模森林所有者による人工林整備の推進であり、兵庫県が2006年に利用間伐の促進を図り、「低コスト経営団地」の整備を進める目的で、「一宮町東河内（いちのみやちょうひがしごうち）」地区を「流域林業経営モデルエリア」として指定していることによっている。

「低コスト経営団地」は、林野庁が、林業政策の一環として間伐施業のコスト削減等採算性の向上のために、「経営体」が取り組むべき課題として、「「経営体」が、近隣の森林所有者から施業・経営の受託等によって団地を形成し、効率的な林業を行える規模とすべきである」とした方針にもとづくものである[注1]。

この取り組みに関して、小長井（2011）によれば、対象地は兵庫県林業の中心地、宍粟市にある一宮町東河内地区である。エリア面積1466haの内訳は、大規模所有4者が83％を占めている。その上、路網整備が古くから積極的に取り組まれた地区であり、林内路網密度は、県下平均の16.9m/haの倍に当たる35m/haと高いという[注2]。

これをさらに調べると、その所有形態は「共有」または「団体所有」が多く、これらにおける人工林整備活動は、佐藤（2012a）のいう「入会を起源とした林野」すなわち、かつて村落共同体内で、規制をつくり共同利用していた森林で、現代までその利用を継承している団体による活動の可能性がある。これ以外にも、宮崎県諸塚（もろづか）村と、滋賀県栗東（りっとう）市の金勝（こんぜ）生産森林組合（以降「金勝生森組」と略す）の取り組みを挙げる。

2．兵庫県における「共有林」「団体有林」の動態

2000年の農林業センサスによると、兵庫県は、「林家」以外の「林業事業体」の占める森林面積の内、「慣行共有林」の割合が全体の46.7％を占め、長野県の39.1％を大きく上回り、全国最多となっている。「慣行共有林」とは、民法上の「入会権」（前述の第Ⅱ章4（1）を参照のこと）、地方自治法上の「旧慣使用権」によって、使用収益している森林を総称していう。「慣行共有林」は、一般に「ムラ」有林（旧来は集落有林）と呼ばれているもの、またはそれに近いもので、実質的な使用収益が多かれ少なかれ、慣行として共同体的制約を受けると認められているものをいう。また、林家以外の林業事業体の内、社寺、共同、各種団体、組合、財産区（市区長村の一部、例えば、旧市町村の範囲で財産として森林を所有している場合をいう[注3]）、ムラ、旧市区町村について、次の3条件のいずれかに該当するものをいう。すなわち、第一に、森林からの収入や林産物を、「ムラ」の費用や公共の事業に使うことがある。第二に、その森林は、昔からの慣習により持っている、または利用している、あるいは利用させている。第三に、森林の権利者になる資格に特定の「ムラ」に住んでいるものに限るという制限がある[注4]。

一方、農林水産省統計[注5]によると、兵庫県は、「未整備入会林野」（「入会林野整備」とは、「入会林野」の「入会権」を消滅させてこれ以外の権利を設定、移転、消滅させること）の内、「近代化法」によって「生森組」を設立した面積比率が全国最多の92.3％となっている。

そこで、県下で最も森林面積、及び間伐実施面積が多い[注6]宍粟市における民有林の所有形態を、森林面積別割合でみる。宍粟市全体では民有林面積

は4万6060ha あり、その内「生森組」面積は8812ha、県有林は429ha、市町有林は8003ha、「財産区有林」は152ha、「慣行共有林」は5492ha となり(注7)、「入会を起源とした林野」の可能性がある森林の合計面積は2万2888ha で、民有林面積の約50%を占める。以下では、宍粟市における「入会を起源とした林野」の可能性がある森林の林業の沿革、及び組織の概要、活動内容を事例として挙げる。

3．兵庫県宍粟市一宮町「東河内株山共有林」の事例

（1）「東河内株山共有林」における林業の沿革について

東河内株山（ひがしごうちかぶやま）共有林（以降「株山」と略す）の人工林整備活動を資料入手が可能な時期から追ってみる。

当初～木材輸入自由化前までの活動状況をみると、初代管理者は、奈良県吉野まで出向き植林の方法を学んだ。これをきっかけとしてその後、構成員（住民）は多くの苦境を乗り越え植林事業を進めた。地区内雇用による人夫が植林と下刈りを行い、「間伐」、皆伐とサイクルを重ねて、1926年頃には外部からも人夫を雇う規模になった（常用人夫制といっている）。年々の伐採規模は3町歩（約3ha）で、その跡に次々と整地してスギ・ヒノキを植林し、その後のメンテナンスを行う労働者数は、延べ1500余人となり、主に足場用の木材を間伐材で出荷し、労賃も地区住民を潤した。この金額が相当なものであったため、「株山」の共有者であることは、地域のステイタスであり住民の誇りでもあった。

しかし、木材輸入の自由化政策がとられると、これを発端とした国内林業の衰退により、徐々に共有者の事業に対する意欲は薄れた。そして、木材価格の低迷と、常用人夫の高齢化により、1998年から施業全般を業者へ都度委託することを決議した。直近十数年来は、原木を出荷すれば経費が売上価格を上回る状況下、補助金頼りの「切捨間伐」により、伝来の森林の整備を行ってきた（写真4－1を参照のこと）。

ところが現在、一度廃れた人工林整備が再興している。それは、「間伐」の遅れが、災害の原因になっていることがわかったこと、また林業政策も

次々と変わり、現在は「経営計画」を樹立し、「間伐」によって補助金を利用するようになったことによるところが多いという。これまで関心が薄れていた人工林整備に対し、積極的な取り組みが始まったのである。組織の概要、及び活動内容は以下のとおりとなっている。

（２）組織の概要

森林は、図４－１のように、兵庫県宍粟市一宮町東河内字出ツ石（ひついし）1646-1外に所在する。総森林面積371.12haの内80.93ha、約22％は「森林総合研究所」（森林・林業・木材産業に関する日本最大の研究機関（独立行政法人））[注８]に貸し出している。団体は、いわゆる「権利能力なき団体」[注９]である。表４－１のとおり現在は、64人の共有分割[注10]によるが、森林所有形態は、２人の代表者名義となっている。「森林共有者規約証書」[注11]を作成し、森林５筆に対し平等の共有権[注12]を有している。さらに、１株の価格を定め、「記載事項証明書」（通称「株券」）を発行し、構成員は株を買わなければならない仕組みになっている。以下では、現在の「株山」の経営内容と活動の方向性をみていくことにする。

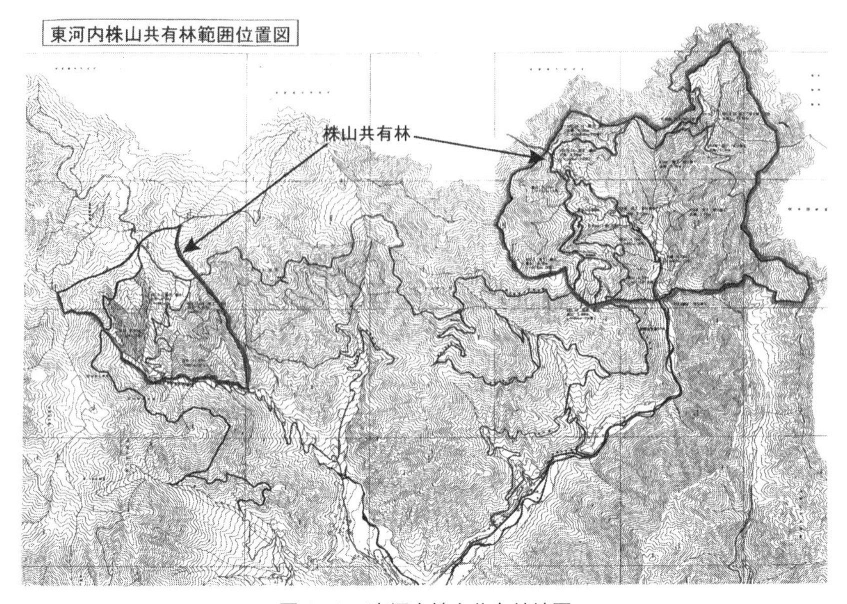

図４－１　東河内株山共有林地図
出所：「株山共有林」（2015）提供資料より筆者作成

表４－１　株山共有林の概要

名称	東河内株山（ひがしごうちかぶやま）共有林
所在	兵庫県宍粟市一宮町東河内字出ツ石1646-1他
設立年	推定1897年
森林総面積	371ha
研究対象森林面積	290ha
団地数	２団地
構成員数	64人（2015年現在）
役員構成	本部役員６人、パトロール部会６人、計12人
地盤所有者名	２人の代表者名義（2003年より）
管理代表者	石原武典（2015年現在）

出所：「株山共有林」（2015）提供資料より筆者作成

（3）現在の活動内容の概要

経営目的は、林業経営と環境のバランスがとれた運営を目指し、広くこの活動をアピールすることにある。換言すると、「株山」の適正な管理運営、及び有効利用を図ることと、良好な森林環境と水源域の保全、さらにこの活動を広く都市住民にも知らしめることにある。例えば、林業経営に関しては、SGEC 認証森林[注13]の自覚を持ち、積極的な経営を行う（写真4－2を参照のこと）。環境問題に関しては、不法投棄ゴミをゼロにする、生物多様性の保全を目指し、構成員と地域のために良好な環境と水源域を確保するなどが挙げられている。

施業方針は、風倒木処理跡、及び強間伐跡（強度間伐を行った跡地の意味で、通常間伐が本数間伐率30％で想定されることが多いのに対して、強度間伐の場合は、40～60％強に及ぶ[注14]）では、針葉樹と広葉樹を混ぜて生育させる「混交林化」を進め、直根をよく発達させ土砂崩れなどの防止に役立ち、かつ、地域生息動物の餌となるコナラ・クリなどの広葉樹を積極的に植林する。また、出石地区の95.4haについては、その内の30haを混交林整備事業の対象地とし、10ヶ年計画を立て、隣接森林の「路網」を延長整備し、最終伐期を100年程度とする。一言すると、「間伐」の繰り返しによる複層林化（複層林とは、人工更新により造成され、樹齢、樹高の異なる樹木により構成されている森林のこと[注15]）と、「混交林」化を図るという方針をとっている。

4．兵庫県宍粟市一宮町「東河内生産森林組合」の事例

（1）「東河内生産森林組合」における林業の沿革

1）最盛期～衰退期

「東河内生産森林組合（以降「東河内生森組」と略す）」の林業は、1955～1975年頃は、地区住民の出役（原則的には、無償奉仕活動）作業によるところが多く、春に3回、及び田植えが終わった6～7月には計10回くらい毎週土、日曜日は下刈りに出ていた。

所有森林全体の林齢は40～45年生であり、2000～2001年頃の皆伐を最後

に、残された樹木は成熟期に入っているところから、必要がないため手入れをしなくなっていた。ところが、農道、集落施設を造るための資金が必要となる度に、その後の林業不振のため、木材生産のみではこれを賄うことができず、地元負担金が増えていった。例えば、公民館をつくるのに 4000 万円くらい借金し、40 戸が毎月 1 万円負担し、年間では 12 万円となるが、これを 10～13 年を要して返済した経緯がある。当時は幸い林齢的に下刈りの必要はなく、枝打ち程度であったため、森林のメンテナンスには、ほとんど費用はかからなかった。また、2003～2004 年頃においても、自治会に資金がなくなると、木を伐りこれを売却してその費用を補填していた。

２）停滞から団地化へ

その後も木材価格が下がり続けていたため、2008 年近くまで「間伐」は、ほとんど「切捨間伐」のみ行っていた。そのため利用間伐の施業実績は非常に少ないが、植林、保育は継続していた。その一方で、2006 年頃、山田地区の当時の自治会長が、「切捨間伐」ばかり行っていることを懸念し、他に良い方法はないかと考え、森林組合に相談した。その結果、兵庫県が「低コスト経営団地整備事業」を推進していることがわかりこの事業を取り込んだ。まず、2007 年に 5ha の利用間伐を実施したところ、補助金を含めて 80 万円/ha の収入があった。これがきっかけで組合員の間伐に対する関心が高まったという。

（２）組織の概要

「東河内流域林業経営団地」を構成する一団体である「東河内生森組」は、表 4－2 のとおり、「人工林」（戦後の 1955～1965 年に植林）562ha、雑木林（広葉樹林）188ha、合計 750ha を所有する「入会を起源とした林野」の可能性が高い森林である。組織は、1971 年に設立され、当初は組合員数 199 人であった。現在は組合員数 183 人（2015 年現在）となっている。組合員の居住地が宍粟市一宮町東河内などに限られており、運営体制は、４つの自治会の「住民総理（自治会長）」、理事、森林委員から成っている。

表４－２　東河内生産森林組合の概要

名称	東河内（ひがしごうち）生産森林組合
事務所所在地	宍粟市一宮町東河内内に置く
所有森林面積	人工林（1955～1965年に植林）562ha、雑木林188ha、合計750ha
設立年	1971年設立、当初組合員数199人
現組合員数	183人（2015年現在、内70～80％がサラリーマン兼業）
出資形態	山林の現物出資、または現金出資、出資額合計9060万円
組織構成	宍粟市一宮町東河内内居住に限られている。本稿で用いる「東河内」とは現在の行政区画で「大字」にあたる。細かくは「ムラ」あるいは「部落」であった山田、福田、中坪、本谷の４つの自治会とこれ以外の住民から成るが、能倉字前田森川、及び東明寺稲荷の一部も「東河内地区」とみなす人口785人（2013年現在）
運営体制	４つの自治会の「住民総理」＝生産森林組合長、理事＝各自治会長、山林委員＝各自治会から選出
沿革	1971年東河内生産森林組合設立 1975年共有持分の山林を出資、「東河内生産森林組合」所有に移転登記する

出所：「東河内生産森林組合」（2015）提供資料より筆者作成

（３）経営・運営状況

経営・運営は、組合長をはじめとする理事・監査などの役員が積極的に負っている。一般組合員は総会時の議決行為のみに関わり、他は役員に任せている。役員は月２回、不法投棄、獣避けネットの損傷などを点検するために、パトロールを行うなど、山の保守・管理を担っている。間伐事業は、直近の政策により「経営計画」にもとづいて行うことになっているところから、施業計画もこれにもとづき、５年を１つの単位として作成している。「経営計画」の樹立については、費用がかかることもあり、外部の業者には依頼せず経験のある内部役員が担当している。

5．宮崎県諸塚村の事例

（1）諸塚村の概要

宮崎県北西部の九州山脈のほぼ中央に位置する宮崎県東臼杵郡諸塚村は、人口1646人（2017年）、村の総面積は1万8756haを有し、全体の92％に当たる1万7248haは森林に覆われている。その内、民有林は1万6900haを占め、民有林率は98％と高位である。さらに、その内の約1万1414haは、「人工林」で民有林の約67.5％を占めている。

標高150～850mの間に88戸の小規模な集落が点在しているため、集落間の行き来、及び物資の輸送に困難が多く、過去には集落の出夫（しゅつふ、原則的には無償奉仕活動）により道路開設を行った。その結果現在では、森林面積当たりの路網密度は62.9m/haと高い路網密度を有している。それぞれの集落で維持管理が成されているこの高密度路網は、森林の管理だけではなく、生活面、産業面でも役立っている。産業に関しては、「林業とシイタケの村」といわれているように、四大基幹作目を「木材（林業）」「椎茸」「茶」「畜産（和牛）」と定め、これらの複合経営を推進している。

（2）諸塚村における林業の沿革

「諸塚村」における林業の沿革を概観すると、江戸時代は良質の木材産地として木材生産が盛んであった。伐出した木材は、「川内川」に流し、「耳川」で合流し、「美々津港」に運んでいた。明治時代になり1876年の「官林調査仮条約」の制定により、「諸塚村」においても国有林編入のための調査が行われようとしたが、村民が一体となってこれを阻止し、現在の民有林面積とほぼ同量の民有林を保持することができている。1897年頃から、政策により植林が奨励され、スギ・ヒノキが植林された。その後、戦時下の強制伐採を経て、戦後の経済成長による木材需要の急増から造林が促進された（諸塚村［1962］）。

一方、1925年中頃（昭和初期）に「耳川」流域に水利権を持っていた「住友財閥」が、ダム建設事業認可のために「耳川」沿いの道路整備費用を寄付することになり、現在の「国道327号線」が造られた。これをきっかけに村内の道路網整備が始まり、全村挙げた取り組みとなった（矢房［2011］）。

ところが、1950年代後半～1960年代中頃にかけて、林業の好況期に村外の資本家による森林の買い取りがあり、また、森林を売却して村外に出て行く人も出始めた。これが増大すると、道路整備などの基盤整備が困難になることから、後述の「諸塚村土地村外移動防止対策要綱」を制定した。1960年代中頃～1970年代後半までは、木材価格の高騰により人工造林の拡大を目指し、ヒノキの造林・植林を推進し、林道整備、及び林業機械の導入と協業化による事業規模の拡大が進んだ。

木材価格が下落し始めた1984年には、「諸塚村森林組合事業」による「小径木加工工場」を建設し、さらに1987年には、チップ板（チップは、丸太、工場残材などを機械化的に小片化したものをいう(注16)）の加工場を建設するなど、生産から加工へのシフトを図っている（諸塚村［1962］）。さらに2004年には、村有林、及び森林所有者など422人を含む民有林面積1万527 haにおいて、国際的な森林認証のFSC（森林管理協議会森林認証）(注17)を取得し、木材の付加価値を高めている。

6．滋賀県栗東市「金勝生産森林組合」の事例

（1）栗東市の沿革と概要

栗東市は、1954年の金勝村、葉山村、治田村、大宝村の合併による栗東町誕生を経て、2001年に市政を敷いた。滋賀県南部に位置し、市の北部は平坦地、南部は山地となっている。2017年4月現在、面積は5269 ha、人口6万8259人、世帯数2万6809世帯を擁している。林野面積は2328 haあり、その内、民有林は1885 haと約81％を占め、人工林率は約38％（2015年）(注18)となっている。国道1号、8号の通過、及び名神高速道路栗東インターチェンジの開設による交通の利便性により、製造業、商業、流通業などの多くの企業が立地している。

（2）「金勝生産森林組合」の沿革

「金勝生産森林組合」所有の森林は、滋賀県栗東市の南部に位置し、地域

は、歴史的には奈良時代から続く金勝寺の寺領であり、古くから都の造営などに木材を供給する産地であった。江戸時代には、住民が「入会林野」として権利を得ていたが（現代林業［2012］)、1890年に国有林に編入された。その後の住民の払い下げ運動により、1904年に住民の所有になり、これを契機として「金勝森林保護組合」が設立された。1934年に村有となったが、1954年の町村合併により栗東町となった時点で、金勝村所有林は「金勝財産区有林」として独立し、これを機会に林業への取り組みが本格化した。

1958～1970年代は、地域内の2つの神社に財産区有林を一部売却したことにより、各神社を中心とした集落に管理団体が成立し、3つの「生森組」が分離独立した。「金勝財産区有林」は、これ以外にも日本中央競馬会トレーニングセンターやゴルフ場、及び滋賀県に植樹用として部分的に森林を売却した。

1981年になって、地域の人口増加が著しくなり、財産区の権利主体は金勝地域住民全体のものであることから、権利関係を明確にする必要性が生じ「生森組」設立へ向かう準備が始まる。そして1983年に、「金勝生産森林組合」を設立した。組合員515人、所有森林面積は、約306haの出発であった。2010年には、分離していた3つの「生森組」と合併し現在に至っている。

（3）組織の概要

所有森林面積は、489haに及び、その内338haは「人工林」で占められ、人工林率は69％と高位である（図4-2を参照のこと)。財産区となった時期から積極的に林道整備を推進してきたことにより、2013年現在の路網密度は、約64.42m/haとなっている。

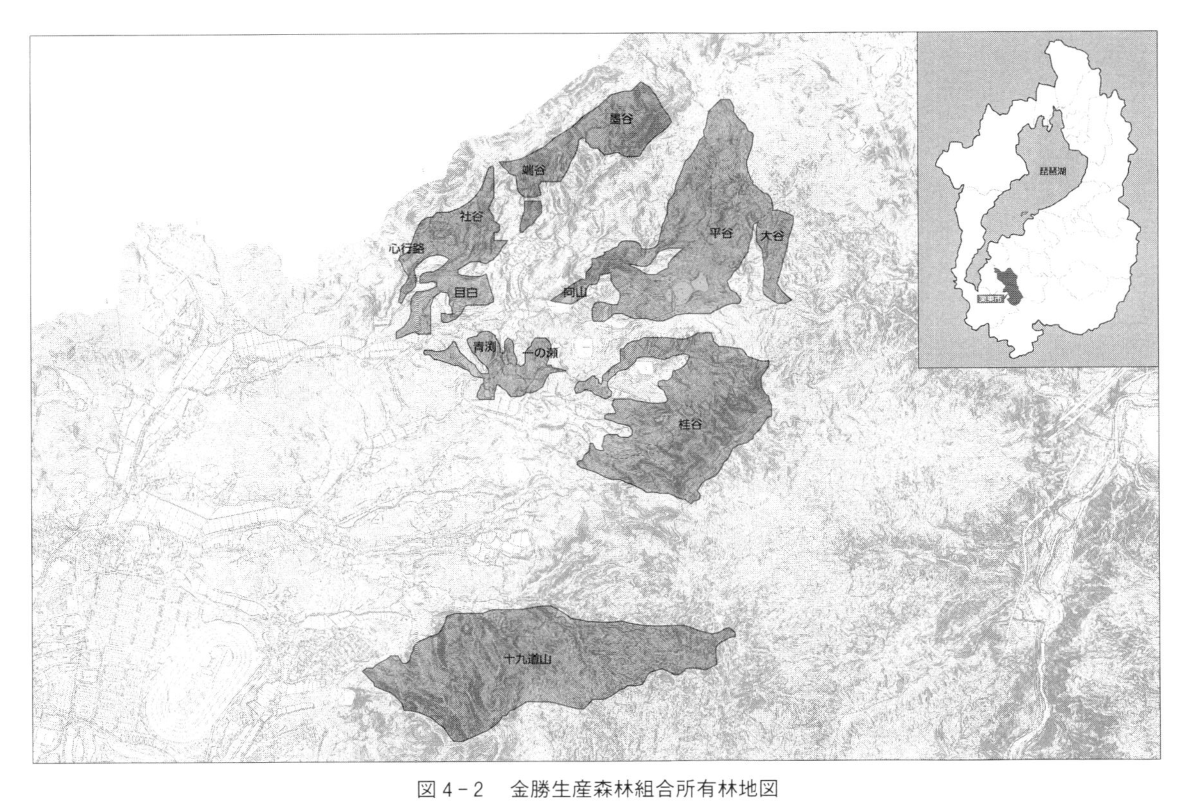

図４－２　金勝生産森林組合所有林地図
出所：金勝生産森林組合提供資料（2013）より筆者作成

組合員は設立当初の515人を維持し、役員は理事16人と監事4人で成っているが、森林管理部、森林事業部、企画部、総務部といった部で構成され、各部がそれぞれの業務内容を積極的にこなしている。後述の事業に関してもこれらの役員などが中心となって企画・運営している。さらに一人一人の組合員に対しては、16集落ごとに「推進員」を配置し、脱会などの相談に乗ることで組合員の減少を防いでいる。組合員の「出役」義務については、現在は昔のような「出役」義務はないが、年に1度は集落ごとに組合員が総出で、「道刈り」と称する林道の草刈りを行っている。役員は、月に1回林道の巡視、及びゴミ拾い、イベント準備などの業務を行い、森林管理の役割も担っている。

7．小括

安定的に大量の木材供給を確保するには、生産側における効率的な「施業」が不可欠である。これを実現するには、これに向けた土地利用形態が鍵を握っていると考えられる。そこで、大規模共有林を調査すると、路網整備、及び「間伐」が促進されている、すなわち「団地化」が進んだ事例がある。これらの森林の所有形態は共有または、団体所有となっている。そして、これらにおける人工林整備は、「入会を起源とした林野」の構成員による、または、入会慣習の一部を取り込み、現代まで森林利用を承継している団体の活動による可能性がある。

〈注〉

（注1）林野庁HP「審議会等」（2005）「適切な森林管理に向けた林業経営のあり方に関する検討会報告」による。

（注2）小長井信宏（2011）「流域林業経営モデルエリアにおける利用間伐推進の連携」による。

（注3）（注4）農林水産省HP「分野別情報」（2000年度）「農林業センサスの概要」より。

（注5）農林水産省HP（2012年度）「森林組合統計」「都道府県別内訳表、B

生産森林組合設立動機別組合数」より。

（注6）兵庫県 HP（2014 年度）「林業統計書」による。

（注7）兵庫県 HP（2013 年度）「林業統計書」による。これ以降は、民有林における所有形態別面積の統計はとられていない。

（注8）林業 Wiki プロジェクト編（2008）『森林用語辞典』による。

（注9）我妻によると、民法上の法人設立に関して「総則第二章「法人」の第一節三三条では、法人は法律の根拠がなければ設立できないとして、厳格な態度を取っている。すると、法律によって法人格を与えられない団体の取り扱いはどうすればよいかという問題が生じる。これらは、営利でも公益でもない中間的目的を持つ。ところが「民法」六六七条以下規定の「組合」でもない。労働組合、協同組合などに代表される構成員の個性が極めて強い団体ではない。そこで法人ではないが民法の組合でもない団体を「法人格なき社団」「権利能力のない社団」と概念構成したと述べている。（我妻榮 1960『民法案内Ⅱ』日本評論新社）。ところが、大場によると、上記社団以外に「法人格なき財団」が認められる見解があるという。これは個人財産から目的財産が分離独立され、社会生活上の独立した実態のことをいう。そして、「法人格なき社団」「法人格なき財団」共に、判例によって、その成立要件が示されているが、どちらに該当するのか微妙な団体も存在する。これをいずれの性質をも備えている「実在人」とし、両方の性質を備えた「法人格なき団体」「権利能力なき団体」として存在を認めていると論考している（大場民男［2012］『事例にみる法人格なき団体』、新日本法規出版）。さらに「法人税法 4 条 1 」には、「内国法人はこの法律により、法人税を納める義務がある。ただし、人格のない社団等については、収益事業を営む場合に限る。」と記されている。税法上は「法人」扱いとなっている。

（注 10）当初は、130 人であったが、2015 年現在は 64 人になっている。

（注 11）株山共有林「森林共有者規約証書」（2015 年閲覧）による。

（注 12）ここでいう「共有」とは共同入会を継承してきた「総有」のことで、民法上の「共有」とは異なる（内田貴 2012『民法』Ⅰ総則・物権総論、東京大学出版会）。

（注 13）SGEC とは、日本で設立された森林認証制度の実施団体である「緑の循環」認証会議の略。森林認証制度は、持続可能な森林の管理・経営を推進するため、独立した第三者機関が一定の基準などに基づいて特定の森林や経営体を認証する仕組みのこと。認証された森林から生産された木材や木材製品にはラベルが貼られ、消費者が環境に配慮した製品を購入する際の目安になる（林業 Wiki プロジェクト［2008］『森林用語辞典』）。

（注 14）森林総合研究所 HP（2010）「強度間伐施業のポイント」による。

（注 15）林業 Wiki プロジェクト編（2008）『森林用語辞典』による。

（注 16）林業 Wiki プロジェクト編（2008）『森林用語辞典』による。

（注 17）FSC とは、Forest Stewardship Council、森林管理協議会、1993 年に発足し、ヨーロッパ、北米、日本など世界的規模で森林認証制度を実施している団体（非営利の国際会員組織）（林業 Wiki プロジェクト［2008］『森林用語辞典』）。

（注 18）栗東市 HP（2017 年度）「市政概要」による。

第V章

森林所有主体による林業施業の事例研究

1．事例地選択の根拠

本章では、森林所有主体が、自ら「施業」を行うことにより林業生産活動が活発化している可能性がある「経営体」の事例研究を行う。ここで「所有」という用語について規定すると、「センサス」上では、「所有」は用いられず「保有」が用いられている。それは、保有森林＝所有森林－貸付森林＋借入森林という規定にもとづくものであるが、その他の政府統計上では、「所有」によるものが多いため、本稿では、「保有」は「所有」とほぼ同義語として扱い、「所有」に統一する[注1]。

森林所有主体が自ら「施業」を行う形態には2通りあり、その1は、団体を含む法人などが所有、及び「施業」するものがあり、2には、森林所有者が家族経営で林業を行い、主として家族労働で伐採・搬出を行う林家である「自伐林家」があるが[注2]、(以降「自伐」と略す) 本稿では、後者の「自伐」における林業生産活動に着目する。また、「施業」に関して、「センサス」では、森林の「作業」という用語が用いられているが、これに関する詳細な定義はない。林野庁の「経営計画」などに関する資料では、森林の「施業」となっているため、「作業」と「施業」は同義語として扱い、本稿では「施業」に統一する[注3]。

さらに、林野庁は、生産性は規模が大きい「経営体」ほど高くなっているとし、この要因として、規模が大きい「経営体」では機械化が進んでいることなどが考えられるとしている[注4]ところから、大～中規模「自伐」を対象とする。ここでいう、大規模「自伐」の大規模とは、どの程度を示すのかを検討すると、森林面積の規模に関しては、「センサス」上では規定されていない。したがって、本稿では「森林・林業統計要覧」(2015) を参考にし、20ha 未満を「小規模」、20～100ha 未満を「中規模」、100ha 以上を「大規模」と規定する（但し本稿では、1000ha 以上の規模は対象外とする)。

事例地選択に当たっては、代表的な事例地として、小堂（2015）が木材の大規模加工施設建設による林業活性化を明らかにした兵庫県宍粟市を選出し、ここにおける大規模「自伐」の林業生産活動に着目する。また、鳥取県智頭町では、「自伐」が地域の自治体の協力を得て、林業生産活動を促進している例を挙げる。

2．兵庫県宍粟市一宮町における「自伐林家」の事例

（1）「センサス」における宍粟市の所有森林面積規模別経営体数の動向

宍粟市の所有森林面積規模別経営体数の動向は、「センサス」各年を経る度に、全体的に減少している。2010～2015 年にかけては、5 年間に半数以下となり、特に 20ha 未満の小規模所有の「経営体」は減少が著しい。逆に大規模所有「経営体」の内、500～1000ha 未満の「経営体」は微増している。

（2）大規模「自伐林家」の沿革

1）木材価格の好調期

L 林家の森林は、宍粟市一宮町生栖（いぎす）地区（大字では生栖、福知、深河谷）に所在し、面積は 125ha あり、全て先祖代々の所有地で借地はない。兼業は行わず林業専業の「自伐」である。代表者 L は、1984 年から林業経営を始めた。最初は、2 人の常雇者と共に年間 10ha ほどの、主に小型機械を使う架線集材(注5)の「間伐」をしていた。その頃は、非効率的な伐採による少ない材積でも材価が高く、林業で多くの収入を得ることができ、十分林業が成り立っていた。

2004 年までは従業員を 2 人雇っていたが、高齢化でやめていった。その直後、材価が下がり始めた上に、台風 23 号による風倒木の甚大な被害に遭った。この時は、一刻も早い処理が必要であったが、所有の機械では間に合

わず、高性能林業機械を導入するには資金的に無理であったという。

2）高性能林業機械化のための地域林家との協業

そこで同じような被害に遭った地域の林業仲間5人と「人工林整備協業体」を設立した。このとき、機械購入のために補助制度を利用しようとしたが、必要資金の60％が限度であった。そのため残りの40％をどのように調達するのかを協議した。その結果、地元の木材市場に融資してもらう交渉をすることになった。この交渉が成立し、2005年にプロセッサ（スイングヤーダ）とグラップル(注6)(写真5－1を参照のこと）を購入している。ここでの、借入金返済に関する協業体の取り決めは均等割りにせず、5人の出材量に応じて返済に充てることにした結果、Lの場合は2年半で完済できている。当時の他のメンバーは、現在も地元の素材生産業者として活動している。

3）後継者の就業による機械化の促進

その後、次男MのUターン就業により、さらに高性能林業機械（但し、小・中型）を増やし、2009年にはMの嫁Nも林業に就くことになった。その結果、林業機械もさらに高性能なものを導入している。

（3）大規模「自伐」における「施業」の「効率化」

L林家では、「施業」を持続的に効率よく行うために、「施業」システムの構築による「効率化」すなわち、「機械化」を支える綿密な作業道造りが重要であるという方針を持っている。ha当たり最低100mの作業道を入れると（実際は、110m/ha）伐倒木をグラップルで取ることができる。このときの道幅は2.5～2.7mまでにし、大型林業機械は使わず、中・小型を使う。基本的には定性間伐(注7)で、長伐期施業による優良大径材生産を目指している。それには、労働人員的に家族3人が最適であるとする。表5－1に表示のとおり、自家労働投入状況は、Lが伐倒し、Mがグラップル、及びハーベスタを、Nがハーベスタ（写真5－1を参照のこと）を駆使することで、生産性は約10m^3/人・日を維持している。なお、「生産性」とは素材（丸太）生産量を投下労働量（常雇い＋臨時雇い）の従事日数で除した数値で、日本

表５－１　自伐林家経営実践態様

対象森林所在地	兵庫県宍粟市一宮町大字生栖、福知、深河谷
森林所有面積	125ha
林業経営の経緯、及び従事する家族形態	Ｌ家は、1984年から20年間２人の雇用者と従事、2005年から次男と２人で４年間従事 2009年から次男の嫁を含む３人で６年間従事
経営面積拡大の経緯	
開始年	2012年
拡大の根拠	森林経営計画にもとづく団地集約化、施業・管理・運営を専属受託
面積ⓐ	145ha　生栖生産森林組合有林
面積ⓑ	69ha　生栖報徳社所有林
面積ⓒ	4ha　宍粟市有林
面積ⓓ	約20ha　小規模森林所有者10戸
合計森林経営面積	約343ha
実践者の構成	代表者60才代前半（Ｌ）、次男30才代前半（Ｍ）、Ｌの妻30才前半（Ｎ）
保有機械（小・中型）	ハーベスタ（ケスラー20SH）１台、ウィンチ付グラップル２台（7t・4t）バックフォー３台（7t・4t・3t）、フォワーダー２台、10tトラック（クレーン付）2tダンプ１台、林内作業車１台、架線集材設備２セット、チェーンソー４台、下刈り機２台
自家労力投入状況	役割分担は、Ｌが伐倒、Ｍがグラップル、ハーベスタ、Ｎがハーベスタ３人で全てをこなす、効率的には３人が最良
年間就業日数	約250日
平均施業面積と素材生産量	12～15ha、1200～1500m^3、したがって100m^3／ha
路網密度	110m／ha
生産性	約10m^3／人日
経営方針	作業道造りが施業の持続性の根幹を成すとし、道幅は、小・中型機械使用を前提とした必要最低限にし、崩れないを目指す 家族経営のため、生産性の規模を追わず、丁寧な施業を心がけ、作業効率も上げる

出所：生栖の自伐林家提供資料（2016）より筆者作成

の平均生産性をみると、年間素材生産量が、1000～5000m^{3}の場合は、1.4m^3/人・日、5000～1万m^{3}で、2.1m^3/人・日、1万m^{3}以上の場合は、4.7m^3/人・日となっている。

3．鳥取県智頭町における「自伐林家」の事例

（1）智頭町の沿革、及び概要

鳥取県八頭（やず）郡智頭町は、遡ると奈良時代から鳥取県には因幡国と伯耆国が置かれ、東部は、智頭郡を含む7つの郡に分かれていた。江戸時代に入って鳥取藩は池田藩となり、智頭は参勤交代の宿場町として栄えた。明治になり中央集権国家が形成される過程で、智頭では各村が合併した。1935年には智頭町、山形村、那岐村、土師村が合併し智頭町となり、翌1936年には富沢村を、1954年に山郷村を編入し、現在の智頭町となっている。

地勢は、鳥取県の東南に位置し、南と東は岡山県に接している。周囲は1000m級の中国山脈の山々が連なり、それらの渓谷は、年間を通じて豊かな自然景観に恵まれている。町の面積は2万2470haを有し、人口は7287人、世帯数は2748世帯（2017年12月現在）となっている（鳥取県HP［2016年度］「智頭町」）。

（2）智頭町の林業の歴史と現況

智頭地域は、寒暖差が激しい気候と伝統的な育林技術により育てられた「智頭杉」といわれるスギの産地として、古くから吉野、北山に並ぶ林業が盛んな地域として知られている。町には、樹齢約400年の「慶長杉」と呼ばれる「人工林」が残っていることから、植樹の歴史は400年以上前に遡るといわれている（注8）。町の面積の2万2470haに対して、森林は2万839haあり、森林率は92.7％となっている。その内、民有林は1万7214haあり、約83％を占めている。さらに、この内の78.3％は「人工林」で構成されている（注9）。

当町の農林業経営体数の近年の推移は、農業経営体、林業経営体共に減少が著しい。ところが、素材生産を行った林業経営体数と素材生産量の推移を

みると、2010～2015年にかけて、所有森林の素材生産を行った「経営体」が微増し、素材生産量も増加している（農林水産省HP［2010、2015年度］「農林業センサス」）。また、間伐の進捗状況をみると、図5－1のとおり2012年は減少が著しいが、その後上昇傾向にある（鳥取県HP［2015年度］「鳥取県林業統計書」）。

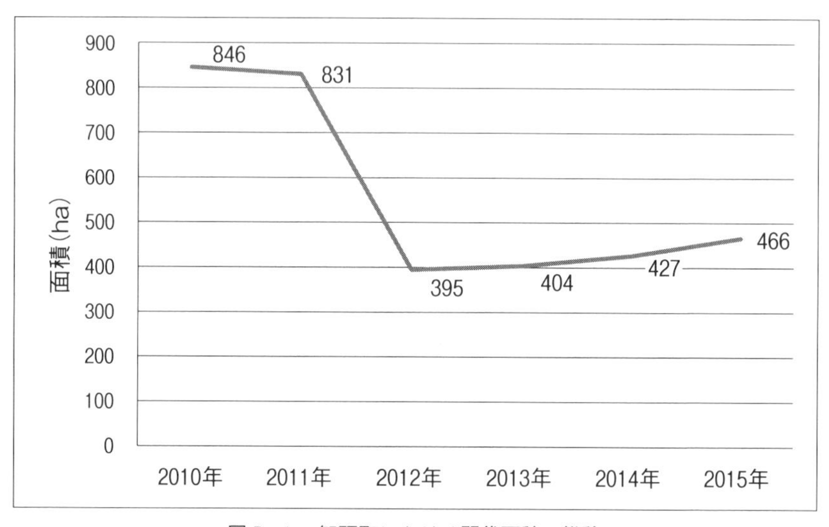

図5－1　智頭町における間伐面積の推移
出所：鳥取県HP（2015年度）「林業統計書」より筆者作成

（3）「皐月屋」「智頭ノ森ノ学ビ舎」設立の経緯と活動内容

「自伐」であり、法人の代表者でもあるTは、2010年に出身地の智頭町に戻り（Uターン）、自家所有林約40haを任され、林業を引き継いだ。同時に、町内の他の森林所有者3人とその所有森林、面積では約300haを合わせ、農林業事業体（株式会社）「皐月屋（さつきや）」を設立した。さらに2015年には、町有林の一部である60haを借地契約により町から借り入れ、「智頭ノ森ノ学ビ舎」を立ち上げた。その結果、経営森林面積合計は、約400haとなっている(注10)。

経営に当たり、「施業」の持続性は、丁寧な作業道造りが要となるという考えのもと、作業道造りの講習を受けるなど、技術を高めながら「施業」を行っている。この手法が地元で評価され、これに賛同する所有者は、自らの林業施業・管理を「皐月屋」に依頼している。そのため、地域の個人有林や「財産区有林」の施業受託が増加している(注11)。

4．小括

大規模「自伐」においては、「施業」の「機械化」が進み、さらに路網整備を中心とした施業システムの構築により、効率的な「施業」が成り立っている。そのため、後継者の承継もみられ、持続的林業経営の兆しもみえている。また、自治体が、地域林業の担い手確保の目的で、「自伐」に対し、他者所有森林の受託施業を仲介することにより、「自伐」が林業施業面積を増やし、経営の自立が成り立つように支援する仕組みがある。

〈注〉

（注１）農林水産省 HP（2010 年度）「農林業センサス」より。

（注２）林業 Wiki プロジェクト編（2008）『森林用語辞典』より。

（注３）農林水産省 HP（2010 年度）「農林業センサス」、林野庁 HP（2012 年度）「森林経営計画制度」より。

（注４）林野庁（2016）『森林・林業白書』による。

（注５）架線集材は、ワイヤーロープを空中に張って組み立てた集材装置を使って材を集める方法である。地形が急峻で道が少ないわが国の森林では、架線集材の利用価値は高く、地形や作業条件に合わせて、大規模なものから小規模なものまでいろいろな架線集材の方法が発達している（林野庁 HP［2016 年度］「林業就業支援ナビ」）。

（注６）プロセッサ（スィングヤーダ）、グラップルは、高性能林業機械の一種で、チェーンソーで伐採した木を木寄せ、造材、集材という作業システムをこなす機械（林野庁 HP［2011 年度］「林業の生産性向上の取組」）。

（注７）定性間伐とは、林冠の優劣や幹の欠点などに基づき、あらかじめどのような形質の木を伐るべきかをきめておく間伐法のこと（林業 Wiki プロジェクト編［2008］『森林用語辞典』）。

（注８）智頭町森林組合 HP（2017 年度）「杉のまち智頭町」による。

（注９）智頭町森林組合 HP（2017 年度）「杉のまち智頭町」、鳥取県 HP（2016 年度）「智頭町」「まちの概要」による。

（注 10）（注 11）NPO 法人「持続可能な環境共生林業を実現する自伐型林業推進協会」（2016）「自伐型林業を実践する若者たち」より。

第Ⅵ章
センター機能モデル

本章では、大規模木材加工施設などの建設が木材の「高付加価値化」、及び「流通の簡略化」を成し、これらが果たす日本林業の再生を唱える既存研究と本稿での事例研究を照合し、論点を絞る。そして、大規模木材加工施設などの建設事業による、森林所有者への利益還元額を数値で示す重要性を指摘する。したがって、この事業が森林所有者への利益還元を増大させる手法とその過程を分析し、その還元額を数値で検証する。さらに、これらへの「公共支援」の在り方を考察し、より現実的な、大規模木材加工施設などの建設による木材の「高付加価値化」「流通の簡略化」が成す人工林整備促進の効果を提示する。

ここでいう効果とは、これらの事業への「公共支援」が、「イニシャルコスト」に限られ、施設稼働後も「ランニングコスト」などの経費の赤字補填のための支援が行われていない状況を効果があるとして用いる。

以上から、大規模木材加工施設等建設が人工林整備を促進する要素を抽出し、「センター機能モデル」とする。

1．本稿の論点

既存研究は、いずれも高付加価値化林業への発想転換の必要性を述べたもので、林業経営の近代化にもとづく林業の再生手法を示す具体論として現実的であると考える。ところが、いずれの研究も事例にもとづく流通コストの低減と、木材の高付加価値化の結果としての森林所有者への利益還元額が示されていない。これを明らかにすることは、森林所有者の林業経営への意欲を取り戻すための有効な手段に成り得ると考える。

そこで、本章では事例研究を踏まえ、大規模木材加工施設などの建設による木材の高付加価値化、及び流通コスト低減の事業の効果を、森林所有者への利益還元額として数値で示す。また、林業再生のための社会的条件の１つともいえる公共支援の在り方について、その位置付けを明確にする。

2．大規模木材加工施設建設による人工林整備促進の分析

（1）大規模木材加工施設建設が牽引する所有者還元価格増大の分析

1）シミュレーションの諸元

以下では、大規模木材加工施設における間伐施業の過程をシミュレーションにより分析する。シミュレーションに当たっては、いずれも間伐率(注1)、間伐方法(注2)共に各事例地の方法による。また、事例地の木材の齢級、及び間伐施業実施年の差異は考慮外とする。さらに、この間の木材価格、労働費など、諸物価の変動も考慮外とする。全て2011年度に制定された「経営計画」にもとづく補助金計算基準によって試算する。

2）（例A）の条件詳細

（例A）は、フィールドを小堂（2013a）に挙げた表6－1「完了報告書事例（日吉町）」を用いる。対象地は、京都府南丹市日吉町殿田、S家所有森林である。間伐面積は㋐2.38haで、ここにおける搬出材積は㋑232.77m^{3}あり、日吉町森林組合の間伐施業による2011年実施の事例を用いた。表記のとおり切捨間伐は、73本でha当たり31本となり、全体の約15％を占めている。

表6－1　完了報告書事例（日吉町）

所在地	京都府南丹市日吉町殿田	所有者	S家	伐採日	2011年 4／10	施業班			
施業面積	㋐2.38ha	補助面積	2.38ha	林齢	46～52年	実績間伐本数（N）	490本	実質搬出材積	㋑232.774m^3

総事業費	施業費原価	直接施業費		項目	番号	金額
				調査・選木費	〈1〉	4万4100円
				作業路設計費	〈2〉	9万8265円
			除・間伐費	係数Ⅰ　省略		
			除・間伐費	伐捨間伐　73本 × 230円、搬出間伐　364本 × 680円　×係数Ⅰ＋引張り費用 作業道支障木伐採本数　53本×1,720円	〈3〉	42万4328円
				枝打	〈4〉	
				造材搬出選別費	〈5〉	36万7782円
			作業道開設費	構造物設置費用等	〈6〉	11万9535円
			作業道開設費	作業道開設費	〈7〉	72万1206円
				木材搬出等にかかる諸費用（鉄板賃貸料・砕石敷き費用等）	〈8〉	
				作業道メンテナンス費用	〈9〉	21万779円
				〈1〉＋〈2〉＋〈3〉＋〈4〉＋〈5〉＋〈6〉＋〈7〉＋〈8〉＋〈9〉	〈10〉	167万7460円
		諸経費		直接施業費〈10〉＋22％（各種保険等）	〈11〉	36万9041円
				直接施業費〈10〉＋諸経費〈11〉	〈12〉	204万6501円
	木材運送費			山土場～（ベニヤ、片山、日新他）	〈13〉	36万1653円
	手数料・消費税			（施業費原価〈12〉＋木材運送費〈13〉）×10.5％	〈14〉	25万2856円
				施業費原価〈12〉＋木材運送費〈13〉＋手数料・消費税〈14〉	〈15〉	266万1010円

補助金		売上			
間・枝		材積	232.774m^3	御負担	円
搬出		〈16〉	219万3050円		
作業路				御返却	円
合計					
森林国営保険料金					

出所：日吉町森林組合提供資料（2011）より筆者作成

3）（例Ｂ）の条件詳細

（例Ｂ）は、フィールドを兵庫県宍粟市Ｋ社資料（資料１）(注３)から引用した。兵庫県宍粟市一宮町における「施業」を「センター」が行ったものとする。表６－２に数値を整理したが、間伐面積、及び搬出材積以外の数値は「県産木材供給センター事業化シミュレーション調査報告書」（HP 参考資料［2007］）(注４)及び事後評価調書「県産木材供給センター総合整備事業」（HP 参考資料［2014］）(注５)より引用した。これら資料の信頼性は次項で説明する。

表６－２　間伐施業条件適用表（宍粟市一宮町）

施業地：宍粟市一宮町　設定日：2006年　搬出材積：1250m³ 搬出間伐面積：13.5ha　切捨間伐面積：0ha					
木材買取価格	単価	［１］	1万1200円／m³	ha 当たり	103万7100円
伐採搬出作業費	素材生産費	［２］	5071円／m³	ha 当たり	67万3300円
	運搬費		2200円／m³		
再造林＋保育経費	（補助金差引後）	［３］	2803円／m³		

出所：一宮町素材生産業社提供資料（2015）、兵庫県 HP（2007年度）
「県産木材供給センター事業化シュミレーション調査報告書」より筆者作成

4）シミュレーションの説明（表６－３［数値は、運搬費単価以外は最終的に百円未満四捨五入の概算による］、及び図６－１を参照のこと）

表６－３によると、搬出材積①⑮をはじめとして以下は、ha 当たりの数値とする。②⑯の補助金額は、両府県共、算定基準は同じになっている。③木材売上単価は、総額（表６－１〈16〉）を材積で除し、④売上総額は同じくha 当たりに換算した。⑰については、後述の（２）４）のとおり固定価格となっている。これらの総額に補助金額を加えた収入合計は⑤⑲となる。⑥（表６－１〈１〉＋〈３〉＋〈５〉）は搬出にかかる経費の直接費で、間接費⑦の率 22％は表６－１〈11〉のとおりとなる。⑳は表６－２［２］に表示の m³ 当たり搬出コストの素材生産費 5071 円と、運搬費 2200 円の合計 7271 円を材積数で乗じた数値となる。

表6－3の施業者売上原価合計（B）の⑧⑳が補助金算定のもとになる。森林所有者の施業収支（C）は⑨㉑の数値となるが、さらに次の経費が必要となる。（D）の⑩㉒は、補助金申請手数料であり、双方とも補助金額の25％とする。さらに、（例A）では、木材運搬費（E）が m^3 当たり1550円必要で、⑪に表記の総額は15万1600円となり、これに⑫の木材売上手数料（F）が10％、つまり9万2100円必要となる。ところが（例B）の場合㉓㉔は、図6－1のとおり工場直送であるため不要となる。その結果、森林所有者利益（G）は、⑬は46万7600円、㉕は70万7100円となり、㉕には表6－2［3］の「再造林＋保育経費」が含まれており、（例B）が高額であることがわかる。したがって、木材生産に必要な経費をその売上額から差し引き、森林所有者に還元する「所有者還元価格」⑭㉖をみると、（例A）の4800円/m^3 に対して（例B）は7600円/m^3 となり、大幅に多くなっていることがわかる。

5）（例B）の数値、引用資料の信頼性について

引用したHP参考資料（2007）は、「県」が「センター」立ち上げを前提に、森林所有者への利益還元と事業体の採算性を追求したシミュレーションである。引用に関する主な諸元は以下に要約する。第1には、実現性と採算性の観点から、「センター」が持つべき機能を検討した結果、原木量30万 m^3 を必要とする「集成材加工」(注6)機能を持たせない。但し、「センター」で（集成材のもととなる板材（ラミナ）を製材する）「ラミナ生産」(注7)し、県内の既存工場と提携する。

第2に、「センター」として最適なライン構成の比較検討、及び一定の採算性確保のために必要な原木取扱量、所有者還元価格の把握を行った。すると、採算性確保のためには、原木取扱量は10万 m^3 が1つの目安となった。この10万 m^3 を規準として設備整備をし、将来の原木供給体制確立に伴う原木量の増加も踏まえると、直材・曲材（曲がり材）、並列パターンが最適で、その割合を、直材40％、曲材60％とした。さらに、原木固定買取り価格を、スギ直材1万3000円/m^3、曲材を1万円/m^3 とすると、平均買取り価格は1万1200円/m^3 となる（HP参考資料［2014］より(注8)）。

（2）大規模木材加工施設における事業実績の分析

1）センターのシミュレーション結果の分析

表6－3（例B）の「センター」事業が他方と比べて大幅に「所有者還元価格」が多くなるのは、林地残材を0にし、これらのカスケード利用を図ることによって、木材全体の高付加価値化が可能となったためである。さらに、木材運搬などの流通コストの削減もこれに作用し、森林所有者の利益を優先し「センター」着の価格を固定的に高額（m^3当たり平均1万1200円）で維持できることにある。これに関して「センター」担当者へのヒヤリングによると、「「センター」が立地する宍粟市は、木材の質では自然条件的不利がある。不良率が50％にも及び、B、C、D材が多い。しかし質が悪い木材も量をまとめれば、また木材の端材、すなわち林地残材も大量にまとめると用途がある。先進的大型機械装備が用途を創造する。製品を長期的安定的に一定量が供給できるということになれば、値段交渉も有利になる」としている。

換言すると、木材のカスケード利用（木材を建築などの資材として利用した後、ボードや紙などの使用を経て、最終段階では燃料として利用すること[注9]）が生み出す「高付加価値化」促進の要素であり、スケールメリットを活かす価格競争力への優位を生み出す要素でもある。同時に流通の簡略化による大幅なコストダウンも可能となっている。

2）直近の稼働実績による分析

次に、「センター」の直近の事業実績をみると、本格的な稼働に伴い、原木取扱量も右肩上がりに増大している（表6－4を参照のこと）。2015年度の原木取扱量は、約17万9000 m^3となり、対計画比は142％と計画を大幅に上回った。製品生産量も約8万 m^3となり、対計画比は119％と予定を上回った[注10]。経営状況は、2014年3月末決算によると、総売上額は約19億円であり、2013年度計画数値の17億円を超えた[注11]。稼働4年目の2013年以降は、3年連続で単年度黒字を計上している[注12]。製材品などの生産・販売の強化に加えて、新たな事業展開として「山崎工場」を新設し、フリー板[注13]、及びそうめん箱などの新製品の開発も行っている[注14]。

表6－3　新補助制度から算定した利用間伐経営シミュレーション

項目	（例A）（ha 当たり）	（例B）（ha 当たり）
搬出材積（m^3／ha）	97.8 ①	92.6 ⑮
補助金／ha、査定（府、県） B ×（170/100）査定係数×0.4（補助率）、円	29万1400円 ②	45万7800円 ⑯
木材売上単価、円	（9400円/m^3） ③	固定（1万1200円/m^3） ⑰
木材売上総額、円	92万1400円 ④	103万7100円 ⑱
ha 当たり収入合計(A)円	121万2800円 ⑤	149万4900円 ⑲
伐採搬出作業費（直接費）円	35万1300円 ⑥	67万3300円 ⑳
間接費（0～31％）円	22％　7万7300円 ⑦	
施業者売上原価合計(B)円	42万8600円 ⑧	
施業収支（A-B）=(C)円	78万4200円 ⑨	82万1600円 ㉑
計画補助申請手数料(25％)(D)円	7万2900円 ⑩	11万4500円 ㉒
運搬費(E)円	1550円/m^3　15万1600円 ⑪	0円 ㉓
木材売上手数料(10％)(F)円	9万2100円 ⑫	0円 ㉔
森林所有者利益(C-D-E-F)(G)円	46万7600円 ⑬	70万7100円 ㉕
所有者還元価格／m^3円	4800円 ⑭	7600円 ㉖

出所：後藤他（2013）、兵庫木材センター資料（2014）、一宮町の素材生産業社提供資料（2015）、兵庫県 HP（2007年度）「県産木材供給センター事業化シミュレーション調査報告書」を参考に筆者作成

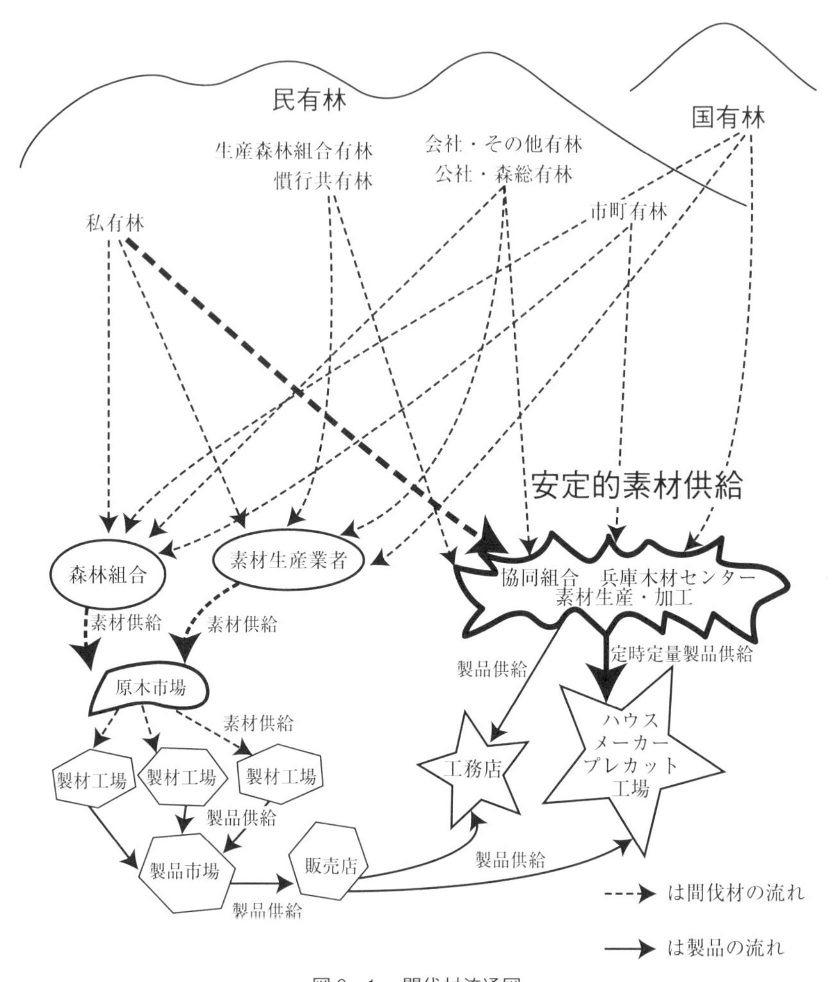

図６－１　間伐材流通図
出所：兵庫木材センター提供資料（2014）より筆者作成

表6－4　「兵庫木材センタ」－の稼働実績

（単位：m³）（　）は計画比

区　分		2010年（12～3月）	2011年	2012年	2013年	2014年	2015年
原　木取扱量	計画	2万3000	10万4000	11万5000	12万6000	12万6000	12万6000
	実績	1万3564（59％）	7万6226（73％）	9万5775（83％）	12万3694（98％）	16万1968（129％）	17万8779（142％）
製　品生産量	計画	1万2000	5万3000	5万9000	6万7000	6万7000	6万7000
	実績	7196（60％）	5万503（95％）	5万9593（101％）	8万8269（132％）	8万5595（128％）	8万44（119％）

出所：兵庫県農政環境部提供資料（2016）より筆者作成

３）森林所有者還元額の差別化と地元組合員による施業の効率化

「センター」が加工する大量の木材は、組合員の素材生産業者（13社）による効率的な木材生産によりその供給が支えられている。「センター」は、木材生産の「効率化」を図るために、組合員に対して高性能林業機械を貸与し、また、組合員間で効率的な搬出間伐の手法に関する情報を（例えば「列状間伐」など）共有し、これを実践することで「効率化」を図っている。

「所有者還元額」の動向をみると、「センター」は、2014年６月号の「広報宍粟」紙面上に「あなたの山をより価値ある財産へ、山主様へのお支払、搬出間伐1haにつき2013年７月以降（実績）50万円以上」と、広報したことによっても上向きに進んでいることがわかる。

４）政策に対する評価の分析

「県」支援の「センター」建設は、結果的にスケールメリットを活かし、木材の多様な使途を掘り起し、これを高付加価値化することで国産材の需要増大を促進することができている。その結果、「センター」着の木材買取価格を、市場の相場に左右されることがない固定価格とすることが可能になっている。この価格には、再造林費に保育経費留保額が含まれていることが着目すべき内容といえる。すなわち、このように再造林などへ向けた費用留保の兆しがみえてきたことが、森林所有者の林業経営意欲を喚起する可能性を含んでいるのではないかと考えられる。その実績の上向き加減は、以下の数値からも確認することができる。

宍粟市全体では、針葉樹の木材生産量は、2010年5万9276 m^3、2011年8万7993 m^3、2012年11万8157 m^3 と増大傾向にある(注15)。また、県内のスギ中丸太価格は、1万100円/m^3（2009年）～1万2100円/m^3（2013年）と上昇し(注16)、県全体の木材生産量の伸びは前述のとおりである。

次に、やはり大規模木材加工施設建設が、人工林整備に機能している高知県の動向をみてみよう。

（3）森林組合が担う大規模木材加工施設建設による人工林整備促進の分析

1）「経営計画」の進捗状況からみた森林組合の働き

高知県では、大規模木材加工施設「おおとよ製材」への大量で安定的な木材供給を担っているのは、株主である「高知県森林組合連合会」となっている。「高知県森林組合連合会」は、2010年現在、県下の25森林組合の会員で構成され、出資金は6億9512万7000円、素材取扱量は、年間20万6638 m^3 の組織である。県下に7つの木材共販所を設け、木材流通の円滑化にも務めている。

次に、「高知県森林組合連合会」の木材生産活動を分析するために、高知県における2012～2015年の間（2016年3月末現在有効な計画）の「経営計画」の進捗状況をみる。属人計画（「経営計画」樹立の方法の1種）を除いた「経営計画」面積では、単独計画によるものが50.3％、共同計画率が49.7％となり、単独計画、共同計画共に約半々となっている。

また、「経営計画」面積約7万2754 haの内、受委託面積が約3万2469 haと、全体の44.6％を占めることから、森林所有者が必ずしも「経営計画」を樹立しているとはいえない状況になっている。したがって、共同計画も約半分あることを考慮すると、概して「経営計画」樹立者の傾向としての業種別面積、及びその割合は、表6-5のとおりとなる。森林組合による「経営計画」の作成が、面積割合では46.8％を占め、これに、木材生産は自力で行うが、「経営計画」の樹立は森林組合に委託している個人（自力）の14.4％を加えると、61.2％が森林組合によっている(注17)。

表6－5　高知県における「森林経営計画」の進捗状況

業種別	件数	面積（ha）	面積割合（%）
森林組合	201	3万4061	46.8
個人（自力）＊	8	1万478	14.4
林業経営体	16	9729	13.4
市町村等	23	4720	6.5
公社等	42	4519	6.2
素材生産業	33	4365	6.0
都道府県	29	4288	5.9
その他法人	7	551	0.8
個人	1	41	0.1
合計	360	7万2754	

（森林組合＋個人（自力）＊：61.20％）

出所：高知県林業振興・環境部提供資料（2016）より筆者作成
注：＊は、施業は自ら行うが「森林経営計画」のみ森林組合に委託しているため森林組合が関与している実数は、61.20％となる。

2）県全体における事業実績

「おおとよ製材」稼働の実績を、高知県全体の木材生産量の推移から判断すると、図6－2のようになる。2014年の合計木材生産量が、対2015年比較で減少しているのは、木材チップ(注18)用生産の減少によるもので、製材用の生産は、2012年の「おおとよ製材」稼働期から着実に伸びている。

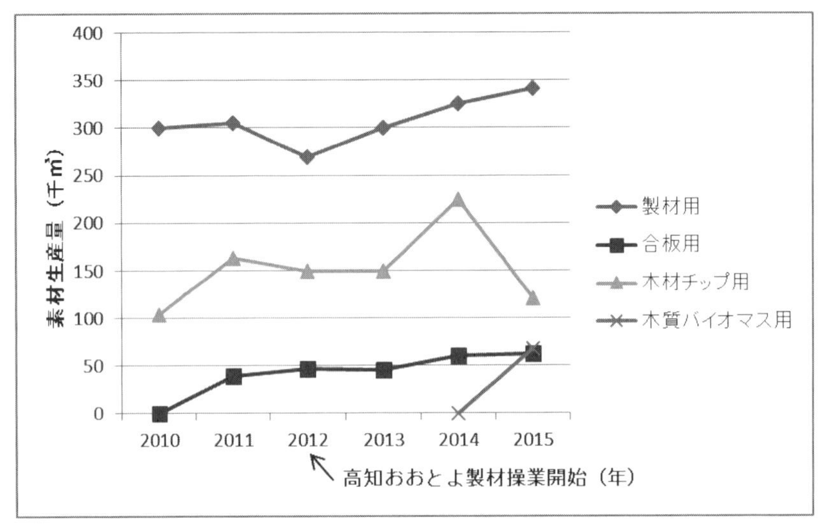

図６－２　高知県の主要部門別原木生産量の推移
出所：高知県林業振興課・環境部提供資料（2016）より筆者作成

（４）公共支援事業としての事後評価の考察

以上の実績を有する大規模木材加工施設建設による各事業は、公共支援による事業であるため、ここで稼働後の公共事業としての評価を考察する。評価の基準を、事業支援はイニシャルコストの負担に限り、稼働後もこれに変更がない、または、ランニングコストへの支援を行っていないこととする。すると、「兵庫木材センター」事業に関しては、2014 年度「事後評価書」における「改善措置の必要性」では、稼働 4 年目で単年度収支黒字を達成し、原木調達、製品生産、及び製品販売についても順調であることから、現時点で特別の改善措置の必要性はないと評価されている。また、「2014 年度第 3 回公共事業等審査会議事録概要版」によると、県による公共事業の必要性や効果などを適切に評価した「継続事業」として「継続妥当」と評価されている。

「おおとよ製材」事業に関しては「大豊町木材加工流通施設整備事業費補助金交付要綱（2017 年 3 月改訂版）」にもとづき、事業に必要な経費に対して補助するもので、木材加工流通施設等整備、及び間伐材等加工流通施設整備に係る経費である。具体的には、ストックポイント整備に要する経費とし、対象施設として貯木場などの建物、木材運搬機械などが、掲げられている。これらは、全て固定資産に対する負担であり、イニシャルコストに対する補助金負担と判断できる。稼働後のランニングコストに対する負担はないと考えられる。

3．木材のエネルギー利用施設建設による人工林整備促進の分析

（1）地産地消型、木材のエネルギー利用による人工林整備促進の分析

「バイオマスタウン真庭」の取り組みは、2005年12月にNEDO（独立行政法人　新エネルギー・産業技術総合開発機構）委託事業である公募事業「バイオマスエネルギー地域システム実験事業」が採択され、これを「真庭市」が受けたことから具体的に始まった。この事業の事業費は、5億3000万円で、未利用材資源（林地残材、樹皮など）を燃料化する実証実験を行うに当たり、「真庭市」はこの事業を、資源の運搬からエネルギーの製造、そして地域内利用の連携を図るため、真庭木材事業協同組合、真庭森林組合、地元企業、商業施設、及び農家などへ再委託する方針をとった。

事業の目的は、多様なバイオマスを活用した地産地消・循環型社会の実現を目指すところにあるが、林業の視点からは、バイオマス資源の流通フローが構築されたことが大きいといえる。川上（山側）においては、林地残材など、及び林地残材チップが出され、川中の製材所では、樹皮、製材チップ、及び木質ペレットが「バイオマス集積基地」へ運ばれる流れが築かれた。換言すると、今まで産業廃棄物扱いされていたものが資源となり、地域内で発生する木質バイオマスがエネルギー利用できることがわかり、未利用資源の「買い取り」の仕組みが構築されたことになる。

その結果、2009年頃から、地域住民、素材生産業者、森林組合などから多くの資源が集まることになった。表6－6のように集積基地の実績は、未利用材、製材端材、樹皮の合計が、2009年には約1万300tであったが、2013年には約2万5000tと2倍以上になっている(注19)。他方、2010年度の真

庭市における木質バイオマスエネルギーの利用量は、約5億円を地産に依っている。これを熱量に換算すると、11.3％の自給率となっている(注20)。

この基地では、必要燃料として、間伐材などの未利用材や製材端材などの一般木材を約14万8000t要するが、「バイオマスタウン真庭」構想による官民一体の木材チップの供給体制がこれを安定的に支えている。また、林地残材や間伐材を伐り出した森林所有者がわかる「産地証明制度」を導入し、所有者は「再生エネルギー固定価格買い取り制度」による還元額を得ることができる。これに加えて、所有者への1t当たり500円の利益還元の仕組みが築かれ、森林所有者が、山の手入れをする意欲が高まる要因となっている(注21)。

さらに2015年には「真庭バイオマス発電所」が稼働し、この構想は発電利用へと展開している（自然エネルギーHP)。2016年1月11日付の「日本経済新聞」によると、バイオマス発電所稼働により林業関係者らが、続々と燃料材を運んでくるようになり、「発電所が稼働して半年余りで、山がきれいになり始めた」といった第三者評価がある。直近の「センサス」における当市の素材生産量の推移をみると、2010～2015年には、素材生産を行った経営体数は233～172に減少しているが、これに反して素材生産量は大幅に増加していることがわかる。

表6－6　真庭バイオマス集積基地実績

（単位：t／年）

年度＼種類	未利用木材（切捨間伐材等）	製材端材	樹皮	合計
2009	6500	1800	2000	1万300
2010	8000	3000	2000	1万3000
2011	1万6000	3200	2500	2万1700
2012	1万8400	2500	3800	2万4700
2013	1万8400	3000	3700	2万5100

出所：真庭市HP（2014年度）「真庭バイオマス集積基地」より筆者作成

（2）公共支援事業としての事後評価の考察

地産地消型木材のエネルギー利用事業に関しては、自治体は第三セクターとして関わっていることから、「真庭市が出資する法人の経営状況を説明する書類」の中の「真庭市第三セクター経営状況一覧表（2015年8月作成）」によると、当期損益は309万4000円の黒字となっている。「事業適否等についての評価」によると、市は出資という形での参画で、運営には参画しない比率での出資であるが、発電所のみならず、関連産業における雇用が高まり、林業・木材産業での収益性も高まるなど、民間主導により地域貢献度が高い事業を展開している。引き続き安定的な事業推進・展開を図っていく必要があるとしている。これらから、公共の支援は、出資というイニシャルコストに限られていることがわかる。

4．大規模木材加工施設建設による人工林整備促進の効果の要素からモデル化

本節では、大規模木材加工施設建設が効果を与える人工林整備促進の要素を抽出し、これをモデル化することを試みる。

（1）大規模木材加工施設建設による要素

木材の高付加価値化、及び流通の簡略化を実現する手法として大規模木材加工施設の建設がある。この施設においては、山側（川上）で生産される間伐材を安定的に大量に集め、スケールメリットによる木材のカスケード利用により木材の付加価値を高めることができる。この施設は、生産から加工・製品販売までを一貫して処理しているところから流通の簡略化による流通コストの低減も可能となる。

その結果、森林所有者への利益還元額が増大し、その経営意欲を喚起することができるため、人工林整備が進む。この手法には、公共と協同組合、及び企業と森林組合、公共の出資による会社方式などによる方式がある。

（2）木材資源のエネルギー利用施設建設による要素

木材の付加価値を高めるもう一方の手法に、木質バイオマスによるエネルギー利用が挙げられる。林地残材や未利用材などを集積する施設の建設が効果を与える。これに付随して、これらの資源を大規模にエネルギー転換する設備、及び安定的に大量に集約（買い取り）するシステムの構築が必要となる。これを地域の自治体が担い、発生した木質バイオマスエネルギーを、地域内の一般の産業が利用することにより、地域内循環型エネルギー利用が成立するシステムを構築する。

このような林地残材などのエネルギー利用による地域内エネルギーの循環利用は、地域の林業・木材産業と企業、商店、及び農家、市民を巻き込むことにより、事業規模の拡大を図ることができ、結果的に人工林整備が促進されている。この手法は、公共と林業事業体、その他の企業、商店、及び一般市民の参加による協働方式ともいえる。

（3）公共支援による要素

大規模木材加工施設、及び林地残材や未利用材などを集積する施設の建設には、巨額の初期費用が必要となるため、そのイニシャルコストの多くを公共支援によらざるを得ず、そのためにも公共支援は不可欠である。公共にとっては、大規模木材加工施設建設への支援は、地域内の伐期を迎える「人工林」の間伐促進による人工林整備であり、地域の雇用を促す可能性もある。

（4）「センター機能モデル」

大規模木材加工施設の建設により、スケールメリトを活かした木材のカスケード利用による高付加価値化、及び流通の簡略化は、木材生産による利益を大幅に増大させている。これらの施設への安定的、かつ大量の木材供給は、地元の協同組合員が担い、「林地集約化」のための合意形成を構築し、路網整備が促進され、「間伐」が進んでいる。その結果、森林所有者への利益還元額が大幅に増えるため、人工林整備が促進されている。

これらは、公共支援による木材産業体の協同組合が構築する「木材センター方式」に代表されると考えられるため「センター機能モデル」とする。この「センター機能モデル」は、かなり汎用性があり、他の自治体でも参考にできることがわかった。

5．小括

大規模木材加工施設の建設が、木材の高付加価値化、及び流通の簡略化を成し、森林所有者への利益還元額を増大させるため、「間伐」への意欲を喚起している。結果的にこのことが、人工林整備促進に効果を与える要素であることがわかった。したがって、公共支援による木材産業の協同組合が構築する「木材センター方式」に代表される事業の取り組みを「センター機能モデル」とする。

〈注〉

（注１）植田（2012）によると「間伐率」には「材積間伐率」と「本数間伐率」があり、様々な場で両者は混在して用いられているとしている。その内、「本数間伐率」については、間伐前の本数に対する間伐本数の比によって表される。

（注２）大別すると、定量間伐、定性間伐、列状間伐がある。特に、列状間伐とは、間伐方法の１種。間伐作業の効率化と低コスト化などを目的に、伐採や搬出がしやすいように、一定の間隔をあけて列状に間伐を行うこと。事例地の宍粟市における「経営体」では、この間伐方法については、賛否両論がある（林業 Wiki プロジェクト編 2008『森林用語辞典』）。

（注３）地元素材業社提供の「造林事業工事明細表」2012 年度査定覧による。

（注４）兵庫県 HP（2010 年度）「兵庫木材センターの整備」、及び（2007 年度）「県産木材供給センター事業化シミュレーション調査報告書」による。

（注５）兵庫県 HP（2014 年度）「事後評価調書、県産木材供給センター総合整備事業」より。集成材加工については、諸々の条件から検討し採算性に合わないため行わないこととした。

（注６）集成材とは、板材（ラミナ）を繊維（木目）の方向が平行になるように接着した木材製品。通直または、わん曲した形状の製品ができる。用途によって、長押や階段材、床板などの造作用と、柱などの構造用に大別さ

れる（林業 Wiki プロジェクト編 2008『森林用語辞典』)。

（注 7）ラミナとは、集成材を構成する板材のこと。1 枚の挽き板の場合と、挽き板などを縦つぎ・幅はぎして一定の長さと幅に集成接着する場合がある（林業 Wiki プロジェクト編 2008『森林用語辞典』)。

（注 8）（注 10）兵庫県 HP（2014 年度）「農政環境部」「事後評価調書、県産木材供給センター総合整備事業」による。

（注 9）日田木材協同組合 HP「森林・林業・木材関連用語集」より。

（注 11）兵庫県農政環境部（2016）「2015 年度原木等の安定供給の取組状況」より。

（注 12）（注 14）兵庫県農政環境部（2016）「2015 年度原木等の安定供給の取組状況」より。

（注 13）フリー板とは、造作用集成材の一種。フリーボードとも呼ばれる。財務省の輸出入統計品目表では、「縦にひいた材をはぎ合わせたもの（縦継ぎしたものであるかないかを問わない)」と定義されている。文字どおり、フリー（自由）に利活用できる汎用性が特徴（林業 Wiki プロジェクト編（2008）『森林用語辞典』より)。

（注 15）兵庫県（2010、2011、2012）『林業統計書』による。

（注 16）兵庫県農政環境部提供資料による。

（注 17）高知県林業振興・環境部提供資料（2015）による。

（注 18）木材チップとは、丸太、工場廃材、解体材、廃材などを機械的に小片化したものをいう。主にパルプ、パーティクルボードなどの原料として使用される（林業 Wiki プロジェクト編（2008）『森林用語辞典』より)。

（注 19）岡山県真庭市産業観光部（2012）「バイオマスタウン真庭の取り組み」による。

（注 20）（注 21）真庭市 HP（2014 年度）「真庭バイオマス集積基地」による。

第Ⅶ章 入会慣習機能モデル

大規模共有林、及び団体有林の事例を分析すると、林地を集約化し、効率的な人工林整備を進めていると考えられる。しかもその共有林などは、「入会を起源とした林野」で、旧来の入会慣習を現代に活かし、利用している共有者の団体である可能性がある。

本章では、法社会学による既存研究の「コモンズ論」、及び近年の「入会林野」をめぐる新たな議論を井上他（2001）のいう「入会林野論」とし、これらの背景にある林業の位置付けを検討する。これをもとに、本稿における論点を明確にする。その上で、明治以降、政策、及び経済・社会的要因によって解体の歴史を辿ったといわれている「入会林野」は、現在も形を変え利用されている可能性が高いと推測し、この仕組みを分析することにより、本稿における「入会林野」の現代的意義を明らかにし、これが効果を与える人工林整備促進の要素のモデル化を試みる。

1．本稿の論点

法社会学にもとづく「入会林野論」では、「コモンズの存在」が、森林の資源管理を持続的に可能にするというところに「入会林野」の現代的意義を見出している。また、「複層的所有関係論」は、森林の公益性が評価される近年では、森林の公益的利用に機能しやすい複層的所有形態の典型例としての「入会林野」に現代的意義があるとする。

これに対して高村（2017）は、従来の「森林の強い利用」を前提とした「入会林野論」ではなく、近年の「森林の過少利用」を踏まえた新たな理論として「オストロム理論」に着目している。ところが、この理論は一言すると、森林の過剰利用による資源枯渇を意識した資源管理理論であり、このような資源管理に関する理論は、現在の日本における林業の衰退による「人工林」の放置、これによる資源過剰が引き起こしている問題の解決策とはならない。この理論は、林業が盛んな国（オストロムの国籍は米国で、「森林・林業白書」(2016) によると米国は、木材製品の生産量では世界１、２位を占めているところから、林業も盛んであると考えられる）における資源枯渇防止のための、「森林の過少利用」に立脚する理論と考えられる。そうではなく、林業が衰退している日本における「森林の過少利用」をどうすればよいのか、これが問題である。

本稿における人工林問題は、資源の過剰利用に起因する問題ではなく、資源を利用しないこと、つまり日本の林業が衰退し、森林が利用されず資源過剰が引き起こされていること、これによっているのである。上記のオストロムに代表される理論とは、背景が大きく異なっている。本章では、日本の林業が衰退し、放置が著しい「入会林野」が多数ある中で、人工林整備を促進する新たな組織として、「ソーシャル・キャピタル」が機能し「入会慣習」を現代に受け継ぎ、この慣習を活かし、林業再生へ向かっている「入会林野」の現代的意義を考察することにより、これらが人工林整備に与える効果の要素をモデル化する。

以下では、これらの現代に受け継がれた「入会林野」は、どのような活動をし、地域の人工林整備に貢献しているのか、その分析を行う。

2.「入会慣習が現代的に機能している林野」と「そうでない林野」の位置付け

佐藤 (2012a) は、「入会を起源とした林野」を核として人工林整備を進めることを提唱したが、「入会慣習が現代的に機能している林野」と「そうでない林野」における人工林整備、中でも路網整備の進捗度の違いを検証していない。そこで本節ではこれを行う。

（1）作業道整備の進捗状況

宍粟市では、路網整備の内の作業道整備は、地区（「大字」に該当）「自治会」が大部分の費用負担をしている。市内全町の総整備件数を挙げると、山崎町158件、一宮町275件、千種町81件、波賀町92件となり、一宮町の整備件数が最も多い(注1)。そこで、森林面積が最も広く(注2)作業道整備が進んでいる一宮町の作業道設置件数を「大字」ごとに、「縁故使用地」を面積と共に整理し、地図上に分布させると、図7-1のようになる。ここでいう「縁故使用地」とは、1910～1939年の「部落有林統一政策」(1910年から始まった明治政府による「入会権」解消による「入会林野」解体政策のこと）によって、宍粟郡全体の「入会林野」は「町有林」と「縁故貸付地」に分けられ、「縁故貸付地」は引き続き「入会林野」としての利用が認められたものである（宍粟郡役所［1923]）。この「縁故貸付地」を、本稿では利用者の立場から「縁故使用地」という。作業道設置状況をみると、「大字」単位で設置が進んでいるのは、「東河内（ひがしごうち)」「河原田（かわはらだ)」で40件以上に及び、次に「公文（くもん)」「千町（せんちょう)」「生栖（いぎす)」が20～39件と続いている。

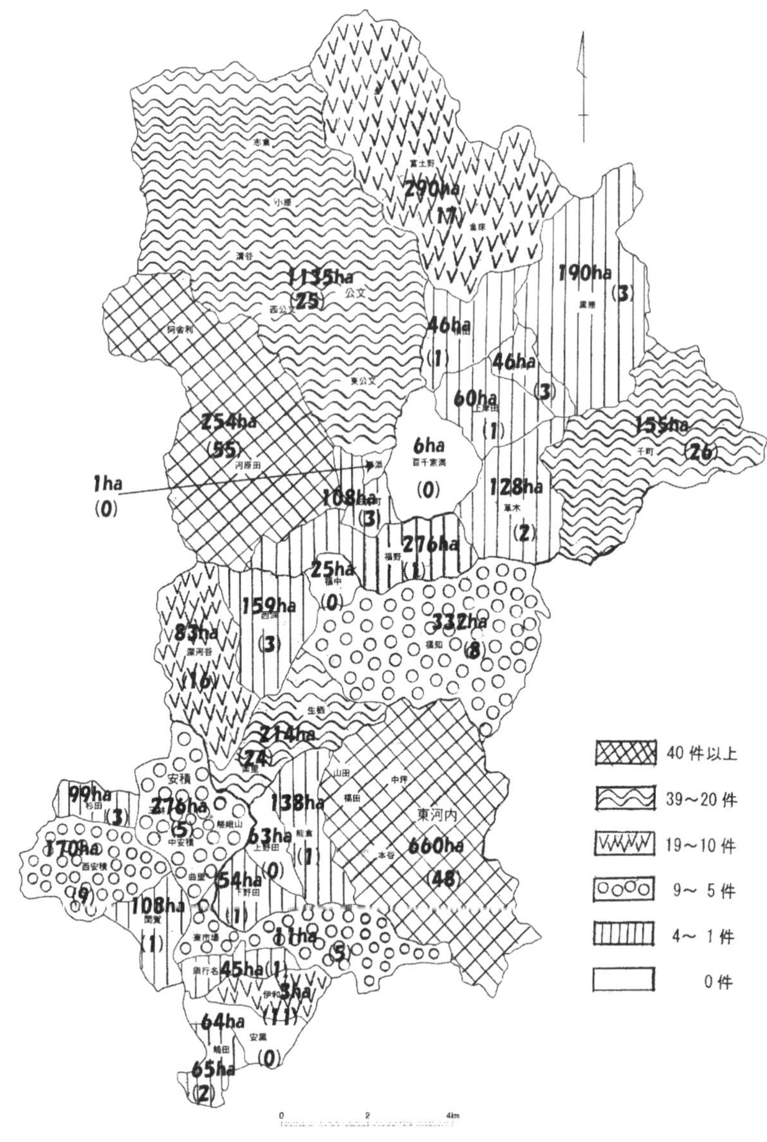

図７－１　一宮町大字別作業道設置件数、及び縁故使用地面積図
出所：宍粟市産業部提供資料（2016)、宍粟郡役所（1923）より筆者作成
注：(　）内は作業道設置件数を表す

（2）団地化の進捗状況

一方、「林業経営団地化」の進捗状況をみると、2011年現在、図7－2のとおり宍粟市内には、4件の林業経営団地が整備されている。ところで、「林業経営団地化」とは、2005年の「適切な森林管理に向けた林業経営の在り方に関する検討会報告」において、林野庁が、間伐施業のコスト削減などの工程のために「経営体」が取り組むべき課題を提示した。その中に、「「経営体」が近隣の森林所有者から施業・経営の受託等によって、団地を形成し、効率的な林業を行える規模とすべきである」と記されている。

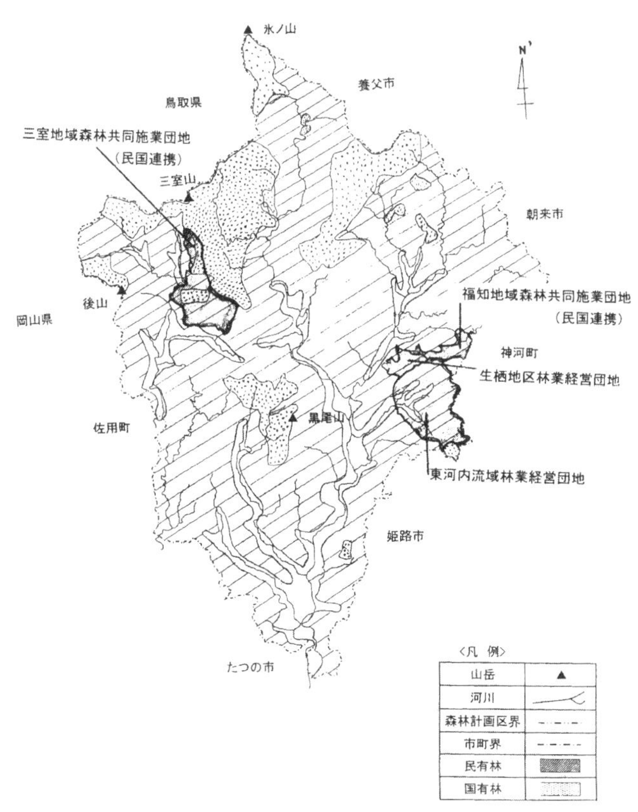

図7－2　宍粟市林業経営団地図
出所：宍粟市産業部提供資料（2016）より筆者作成

その内「三室地域森林共同施業団地」、及び「福知地域森林共同施業団地」は、「国有林」を中心とした「官行造林」「市有林」「県行造林」(注3)「公社造林」(注4)「水源林造成事業地」「私有林」を囲んだ民国連携による団地化の例である。「生栖地区林業経営団地」、及び「東河内流域林業経営団地」は、民有林中心で「個人有林」「市有林」「公団造林地」(注5)をまとめた「団地化」であり、双方とも一宮町に存在する。これらを一宮町の「入会林野」における登記上の所有形態の変容過程として整理すると、図7-3に表示のとおりとなる。

１）生栖地区林業経営団地の構成

「生栖地区林業経営団地」は、面積約339haを占めている(注6)。当団地は、前述（第Ⅴ章）の「経営体」が中心となって林業経営団地を形成している。その経緯は、地区の自伐林家が、自らの所有林の路網整備を進めていく中で、隣接の「生栖生産森林組合」の施業・管理を受託した。この「経営体」が、2012年に他の森林もまとめて「経営計画」を立てた結果、兵庫県が「生栖地区林業経営団地」と指定した。

２）東河内流域林業経営団地の構成

「東河内流域林業経営団地」は、図7-4のように、面積1466haを有し、以下の所有者が兵庫県の仲介により、協議会を発足させて協定を結び成立した団地である。2006年から「団地化」が始まり、2009年には19団地が配置計画された(注7)。内訳は、「東河内生産森林組合」38％、「東河内株山共有林」21％、宍粟市13％、「緑資源機構」(注8)11％、個人その他17％の地盤所有割合で構成されている(注9)。

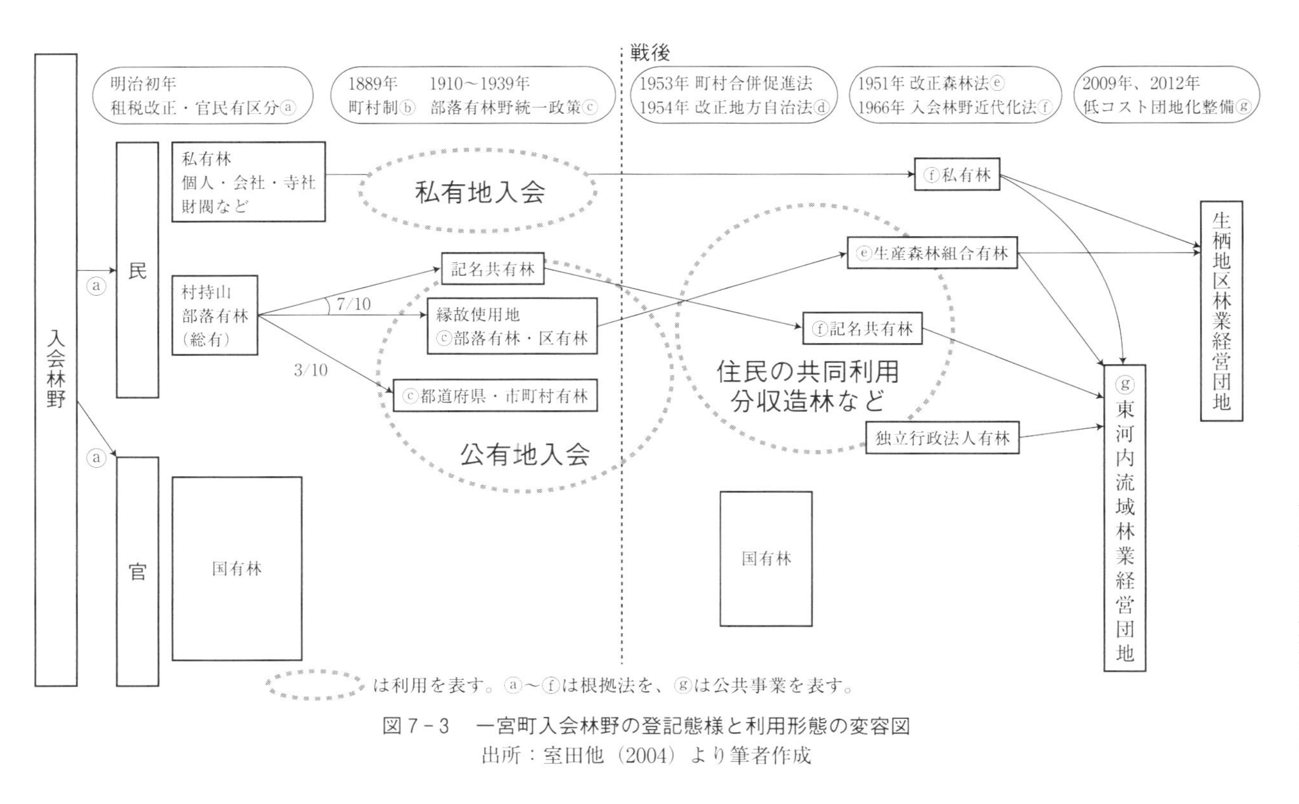

図７－３　一宮町入会林野の登記態様と利用形態の変容図
出所：室田他（2004）より筆者作成

図7－4　東河内広域連携団地図
出所：東河内生産森林組合提供資料（2015）を引用

（３）「入会の現代的変容型林野」における人工林整備の進捗度－回帰分析－

「生栖地区林業経営団地」と「東河内流域林業経営団地」を事例に、「入会慣習が現代的に機能している林野」と「そうでない林野」における人工林整備の進捗度の違いを検証する。そのために、一宮町における作業道設置件数と「縁故使用地」面積、「団地化」面積との相関関係を回帰分析する（数値は小数点以下4位を四捨五入）。

「縁故使用地」面積を説明変数x_1、「団地化」面積を説明変数x_2として重回帰分析を行う。「団地化」面積は、「生栖地区林業経営団地」は330ha、「東河内流域林業経営団地」は1466ha、その他は0となっている。

その結果、回帰方程式は、**y＝0.021x1＋0.023x2＋2.096**となる。

補正R^2＝0.70、有意F＝3.8、ｔ値、x_1＝4.1、x_2＝5.3

となり、回帰式の当てはまりは良く、要因の関連性が大きいことから、作業道設置件数と「縁故使用地」面積、及び「団地化」面積の相関関係は強いと判断する。

そこで、入会慣習が現代的に機能している林野を「入会の現代的変容型林野」と名付け、これをもって人工林整備を進める場の要因になっていることが明らかになったといえる。しかしながら、「入会の現代的変容型林野」は、かつての慣習をどのように承継し、変容させて林業経営を行ってきたのであろうか。続く節では、この点について考察を進める。

3．「入会の現代的変容型林野」における土地所有権の変容の分析

（1）「株山」の森林所有名義の沿革

以下では、「株山」の森林所有名義の沿革を整理する。明治政府の「町村制」施行の頃から部落有林統一の動きはあったと推測するが[注10]、1910～1939年頃の本格的な「部落有林野統一政策」によって、宍粟郡全体の「入会林野」は、3/10が「町村有林」、7/10が「縁故使用地」として分割された（宍粟郡役所［1923］）。

その後、多くは全国的な傾向と同様に、1951年の「改正森林法」、及び1966年「近代化法」により、法人組織である「生森組」設立へ進んだ（図7－3「ⓔ生産森林組合有林」を参照のこと）。この時点で同様に、半田（2001）のいう「記名共有林」も認められた（図7－3「ⓕ記名共有林」を参照のこと）。したがって、「株山」は「近代化法」によって整備されていない「記名共有林」である可能性が高いといえる。

（2）「株山」の地盤所有権の変容過程

次に、「株山」の地盤所有権の変容過程を分析し、「入会の現代的変容型林野」における土地所有権の変容を概観する。

「株山」の地盤所有権の変容過程を把握するために、閉鎖登記簿を閲覧し、所有権の流れを整理すると、典型例は表7－1のとおりになる(注11)。1892年までは「東河内村」の所有であったが、1890年代に森林の売却論争が起き、その結果、当森林は4人が共有で、「東河内村」名義の森林の一部を買い取ったと推測できる。その後1897年に、実質的な130人の共有者が、4人の共有者から共有権を譲り受け、各人の持分を1/130としてこれを取得したと考えられる。その後、1910～1939年の「統一政策」、及び1966年の「近代化法」施行時においても、この所有形態を維持し続けた。この間、共有者の個々においては、相続による名義変更、「株」の譲渡による名義変更などを経て1969年に、共有持分1/130の登記では林業運営上の不便があり、代表1人登記に変更している。そして1983年に、運営上の問題から再び各共有持分1/117の共有者全員名義に変更したが、この共有権に抵当権を設定する権利者が現れた。そこで、抵当権実行による共有権の地区外流出防止のため、2003年にこれを代表者2人の名義に変更した。2013年には、2人の代表者が入れ替わりその持分を整理し、各1/2として登記が完了している。

したがって前図7－3に表記のように「株山」は、「近代化法」による整備が成されていない団体所有であり、地盤所有名義は、「入会権者」の中から二者が代表者として登記されている「代表者名義」であり、数人の記名共有（個人単独所有、代表者（総代）名義、数人記名共有、完全記名共有など）に該当する「記名共有林」であると考えられる。

表７－１　東河内株山共有林における地盤所有権の変容

西暦（年号）	関連施策、及び事項	登記原因	前の所有者名	後の所有者名
1889（M22）	民法制定			
	開始		東河内村	
1890（M23）	染河内村誕生			
1892（M25）	売却論争始まる			
同年		買得による所有権移転	東河内村	４人の共有者
1897（M30）	譲受による共有権取得		４人の共有者	持分１／130の各共有者
1899（M32）	不動産登記法施行			
1910～1935（M43～S10）	部落有林野統一事業		持分１/130の各共有者	
この間		相続、売買による地区内、共有権の移転有		
1951（S26）	森林法制定			
1959（S34）	合併により一宮町誕生			
1966（S41）	入会林野に係る権利関係の近代化助長に関する法律施行			
1969（S44）		売買により代表者１人へ所有権移転	持分１／130の各共有者	代表者１人
1983（S58）		「真正な登記名義の回復」により共有者全員名義に所有権移転	代表者１人	持分１／117の各共有者
2003（H15）		「委任の終了」により代表者２人名義に所有権移転	持分１／117の各共有者	持分117／234の代表者２人持ち
2013（H25）		「委任の終了」により代表者２人名義に所有権移転	持分117／234の代表者２人持ち	持分１／２の代表者２人持ち

出所：登記簿謄本、閉鎖登記簿、土地台帳、株山共有林提供資料（2015）より筆者作成
注：Mは明治、T大正、S昭和、H平成を表す

（3）東河内生産森林組合の地盤所有権の変容過程

堺（2005）によると、ほとんどが「入会」の実質を保持するために設立されたとする「生森組」であるが、以下では、これを登記簿上の地盤所有権の変容過程から検証する。そのために、「東河内生森組」所有森林の代表的な地番を 12 件選出し、登記事項要約書、閉鎖登記簿、旧土地台帳（神戸地方法務局龍野支局［2015］）を閲覧し、その中から最も典型的な地盤所有権の変容を示す例を、表 7－2 のとおり整理する。

これによると明治時代の初期、登記制度が始まったときは、東河内村の「部落有林野」であった。ところが「黒井」「樅ヶ段（もみがだん）」の一部では、1892 年に 20 人の個人が東河内村から一部の森林を買得し、20 人の共有権に移転した。これが「売却論争」といわれているもので、「入会林野」の解体を目指していた政策への対抗処置として、「ムラ人」の間では、買い取って分割所有とする、または現状の「部落有林野」を保持する、いずれかで論争があったと推測できる。

その後は「部落有林野」への道を選択した「入会林野」の変容過程である。1925 年宍粟郡染河内（そめごうち）村東河内の所有権から「染河内村」へ所有権が移転された。つまり、「部落有林野」から「村有」へ名義が移行した。さらに、1959 年町村合併による承継で「染河内村」から宍粟郡一宮町の名義となる。1975 年「入会林野法第 12 条」による移転で、まず持分は各 200 分の 1 で、200 人の共有名義とし、同日「東河内生森組」に登記の原因を「出資」とし、所有権を同時移転した。森林の所有形態において、これにより完全に「入会権」「入会林野」は消滅し、新たに法人としての「東河内生森組」が登記簿上で誕生したことになる。

表7－2　東河内生産森林組合における地盤所有権の変容

西暦（年）	関連施策、及び事項	登記原因	前の所有者名	後の所有者名
1889（M22）	民法制定			
	開始		東河内村	
1890（M23）	染河内村誕生			
1892（M25）	入会林野の売却論争始まる			
1892（M25）		買得	東河内村	20人による共有
1899（M32）	不動産登記法施行			
1904（M37）		所有権移転	20人による共有	一部入替20人による共有
1904（M37）		所有権移転	一部入替20人による共有	東河内村
1910～1935（M43-S10）	部落有林野統一事業			
1925（T14）		所有権移転	染河内村東河内	染河内村
1951（S26）	森林法制定			
1959（S34）		合併による承継、所有権移転	染河内村	宍粟郡一宮町
1966（S41）	入会林野に係る権利関係の近代化助長に関する法律施行			
1975（S50）	入会林野法第12条による移転		宍粟郡一宮町	200人による共有
1975（S50）		出資による所有権移転	200人による共有	東河内生産森林組合

出所：閉鎖登記簿、土地台帳、東河内生産森林組合提供資料（2015）より筆者作成
注：地目は山林または保安林、Mは明治、T大正、S昭和を表す

4．「入会の現代的変容型林野」における「利用とその権利」の変容の分析

（1）利用形態にみる「利用優先」の保持と変容

森林の利用形態については、「株山」は第Ⅱ章図２－３に表記の「入会権利用変容図」における、Ｃの直轄利用に近似し、構成員は個別の分割利用を行わず、意思統一を図り、統一的な経営を行っている。一部「森林総合研究所」に貸し出しているが、これを除くと、利用権に関する集団的規制は相対的に強く、人工林が占める割合が多いことにより利用間伐施業中心の経営となっている。

「東河内生森組」は、森林の経営（委託または信託を受けて行うものを除く）を目的として、「入会林野」の慣習を引き継いだ「部落分収」（「分収」については、（注３）を参照のこと）や「隣保分収」、及び個人分収林契約を結び成り立っている。これらをさらに、組合員に対してのみ、土地貸与（農業経営上または、その他特殊事情に限る）を行っている。これは、第Ⅱ章図２－３によるとＤの契約利用に近似し、組織と権利者は単なる地代の分配関係へと変容している。利用状況は、人工林利用、きのこ生産、及び森林を利用して行う農業となっている。土地貸借契約期間（以降「貸借契約」と略す、貸借とは、細かくは、消費貸借、賃貸借などを含む）は、３ヶ年ごとの更新とするが、契約期間中でも組合の事業運営上、必要が生じた場合は契約を解除できる。また、「貸借契約」の権利は他者へ譲ることができない。しかし、借受人が「東河内生森組」を脱退する、貸借地の使用目的違反を行う、森林を荒廃せしめた場合、または、使用料の滞納があったときは、理事会に諮った上で、「貸借契約」は解除となる。さらに、借受人が「貸借契約」を解約するときは原則、貸借地を原状復帰する。但し、双方協議の方法もある（東河内生産森林組合規約［1985］による）。したがって、集団的規制は相対的に弱いといえる。

以上から双方とも、森林の利用の仕方、及びその主体を変容させながら、常に利用を図り、これを保持していると考えられる。

（2）権利の取得、及び譲渡などの規制による森林の「面的まとまり」の保持

1）「株山」の場合

「株山」の場合は、「構成員」の権利を取得できる有資格者の規定は、以下のA、B、Cであるが、いずれも1株以上「株」を持つことが前提条件となっている。1株の共有持分は117分の1で同等の権利を有する。さらに、「構成員」1人につき10株を超えて所有することはできないことになっている。Aは、地区内に住所を有する個人に限られている（以降、本項では「地区」とは宍粟市一宮町東河内、能倉森川・字前田を含む通称「東河内地区」を示す）。Bは、地区外に住所を有するが地区内自治会の会員である個人、または過去に地区内に住所などを有していた者で地区内に特別の縁がある個人であり、さらに、地区内に縁を有している者で、一定年限内に地区内に住所を定める旨の誓約をするなど、将来、地区内に住所を有する見込みのある個人としている。いずれの場合もA資格者の代理人を立て、理事会の承認が必要となっている。Cは、A、Bに定める者と同一の生計を営む個人、または、A資格者である代表者が1人の「権利能力なき団体」で、理事会の承認を得た団体もC資格者とすることになっている。

権利の譲渡については、総会の承認を得れば可能であるが、但し、譲渡先は、A、B資格者に限定されている。権利の喪失については、地区外転出、または有資格者以外への相続・贈与で、かつB資格が承認されない場合、及び脱退、除名の場合となっている。

2）「東河内生森組」の場合

「東河内生森組」組合員の権利取得のためには資格が要り、「東河内規約・規定集」（1985年作成）の内、「住民規約」による条件を満たす者に限定されている。それは、地区内と通称「東明寺稲荷」の一部に住居を有し、生計を営む者に対し、別途手続きの後「住民総理」の承認を受けたものとする。認められた住民は地区の所有する財産を共有し、並びに「東河内生森組」に加入する権利を有する。さらに、組合の地区内にある森林、またはその森林についての権利を組合に現物出資する個人、または組合の地区内に住所を有する個人で林業を行うもの、またはこれに従事するものとなっている。

加入条件は、希望者は、申込書に引き受けようとする出資口数、または現物出資をしようとする森林、もしくはその森林についての権利、組合の事業に従事するかどうかを記載し、理事会の承諾を得ることとなっている。承諾後、組合員名簿に記載されると、速やかに出資の払い込み、現物出資をすることで加入が完了する。出資義務、及び出資の最高限度については、最低1口の出資口数を持たなければならない。1口は1000円、上限900口となっている。出資口数の増加は、加入条件を準用し、減少は書面通知をした上で理事会の議決が必要となる。また、剰余金から任意積立金を積み立てることができる。これらは、「東河内生森組」の事業の改善発展に充てる。さらに、相続加入の場合は組合員の相続であって、組合員の資格を有するものは、所定の日以内に申し出ることで被相続人の権利義務を承継する。有資格者が複数の場合は選任された1人とする。

持分の譲渡については、組合の承諾を得なければできない。組合員間の譲渡は可能であるが、組合員でないものが持分を譲り受けるときは、出資の払い込み、または現物出資をさせない。造林者が「東河内生森組」を脱退、または除名されたときは権利を喪失する。残された立木は「東河内生森組」が評価し、これに係る費用を差し引きした後、分収割合に応じて契約者に分配する。なお、造林地における、火災、盗伐、鳥獣被害などの防止、境界の保全、林道の破損防止などの管理義務は契約者にある。

脱会、及び除名、脱会は、所定の日までに届け出により可能となる。除名は、組合への義務の履行を怠る、規約違反などの事由によるが、総会の議決を経ることと、該当者に弁明の機会を与えなければならない。これらに関する精算については、10万円/1口の（木材価格が高いときは45万円/1口であった）金銭で精算する。所有林は「東河内生森組」所有として残す。規約では、所定の期日前までに予告することで、規定による持分の払い戻しをする。除名の場合はその半分となっている。

以上より双方とも、権利の取得、及び譲渡の規制は相対的に強く、権利の所有者が地域外へ流出し難く、その結果、森林の「面的まとまり」が保持されていると考えられる。

表７－３　入会的構成要素動態表「東河内株山共有林」

集団の呼称		東河内株山共有林（ひがしごうちかぶやまきょうゆうりん）
所在		事務所は宍粟市一宮町東河内に置く
集団の性格		権利能力なき団体
根拠となる法律		「民法」「入会林野等に係る権利関係の近代化の助長に関する法律」
登記所有名義		代表２人
利用形態と状況		直轄、一部分収契約、人工林利用
利用目的		構成員と地域のために良好な環境と水源地を確保する。団体とその所有の山林の適正な管理運営及び有効利用を図る。
出資金	設立当初	不明
	現在	3229万8381円
規約・資料		1897年「山林共有者規約」、1901年「共有山管理法」 2006年「東河内株山共有林管理規約」
設立当初現物出資		「記名共有林」
林野の構成形態		構成員130戸の共有地
林野統一政策による「入会権」整理の経緯	当初	旧東河内住民178戸の共有地
	1897年（明治30）	「紛争」により地区内48戸が一部の山を売却、残り130戸が「総意」により、分割取得し登記した。
	1966年	「近代化法」により私的個人所有ができない場合、合理的共同経営による集団所有（共有）が認められた。
入会権者	当初	130人
	現在	64人
	権利の差	無
	共有持分	117分の１
	名称	構成員または株主
	名義と一致	しない
権利の取得	有資格者	Ａ「地区」内に住所を有する個人
		Ｂ「地区」外に住所を有するが、「地区」内自治会の会員である個人
		Ｂ「地区」外に住所を有するが、過去に「地区」内に住所を有していた者で「地区」内に特別の「縁」がある個人
		Ｂ「地区」内に「縁」を有している者で一定年限内に「地区」内に住所を有する見込みのある個人
		Ｃ　Ａ、Ｂの者と同一の生計を営む個人
		Ｃ「団体」資格者としてＡ資格者が「権利能力なき団体」の代表で、理事会の承認を得た団体
	株所有	以上のＡ、Ｂ、Ｃ資格者で１株以上10株以内「株」を所有する者
	構成単位	個人、及び承認された「権利能力なき団体」
権利の譲渡	可	通常総会の承認
	その範囲	Ａ、Ｂ資格者に譲渡可
	対価	株の譲渡、現在（2015年）１株250万円
権利の喪失	地区外転出	失う
	相続・贈与等	「有資格者」以外への相続等で、且つＢ資格が承認されない場合
組織の意思決定	総会	最高の議決機関（定足、構成員の１／２）、持株数に関係なく１人１議決権を持つ、理事会随時開催
	設立・解散手続き	総会定足成立のうえ、議決権の３分の２以上の多数
収益配分	地代	2015年現在、株主には「地代」として１株につき、４万円/年配当
損金補填・負担配分	補助金に依る	10数年来、木材価格低迷で、木材売却利益がないため配当できなかった。補助金頼りの「切捨間伐」により、山の整備を維持した。積極的経営はできなかった。補助金システムが変わり、新たな取り組みを始めた。
役員の数・報酬の有無	６人 選出方法	管理者１人、副管理者１人、会計１人、評議員３人、計６人 「構成員」全員出席投票選挙による
	報酬有	総会議決
組合員の出役義務	1998年以前	賦役、その他の負担分担義務あり。労働賃金相当額徴収あり。
	1998年～現在	なし、業者へ都度委託を決議、「常用人夫制」廃止、株主の賦役廃止
課税措置	法人	固定資産税、法人税、及び住民税を納付

出所：山下（2011）、中川（1998）、黒木他（1974）、株山共有林提供資料（2015）より筆者作成

表7－4　入会の構成要素一覧表「東河内生産森林組合」

集団の呼称	東河内（ひがしごうち）生産森林組合	
所在	事務所は宍粟市一宮町東河内に置く	
集団の性格	林業経営の協同組織	
根拠となる法律	森林組合法	
登記所有名義	東河内生産森林組合	
利用状況	人工林利用、きのこ生産、森林を利用して行う農業	
利用形態	部落分収、隣保分収、個人分収	
出資金	設立当初	9060万円
	現在	8190万円
規約・資料	1985年作成、1990年改正施行、2008年（定款他）施行	「東河内住民規約」「住民加入規約」「道路管理規約」「雑石売却に関する規約」「生森組分収造林規約」「生森組土地貸与規約」「生森組定款並びに役員選任規定」
設立当初現物出資	山林562ha（全750haの内、人工林562ha＋雑木林188ha）	
林野の構成形態	「4自治会持ち」（山田、福田、中坪、本谷）と他の私有林	
林野統一政策による「入会権」整理の経緯	1925年（大正14）	入会権整理、権利者の確定
	1956年	入会林野整備着手
	1971年	入会権整理完了、東河内生産森林組合へ移行
	1975年	登記の所有権を東河内生産森林組合へ移転
入会権者	当初数	199人
	現在数	183人（内70～80％がサラリーマン）
	権利の差	無
	共有持分	無
	名称	組合員
	名義と一致	しない
権利の取得	資格	東河内区域内（但し、能倉字前田森川、及び東明寺稲荷の一部を含む）に住居を有し生計を営む者、「住民総理」の承認必要。出資または現物（森林）出資をした者、住民で個人で林業を行う、または従事する者
	加入	出資口数または現物出資をしようとする森林、または森林についての権利、及び組合の営む事業に従事するかどうかを書面提出し、要、理事会の議決
	相続加入	相続発生時は跡継ぎが組合員、複数のときは1人選出
	構成単位	個人（家）

権利の譲渡	認める	組合の承認必要、組合員以外が譲り受けるときは、出資、現物出資をさせない
	その範囲	資格者に譲渡可
	承認	通常総会
	脱退	書面予告で認める。1口10万円払戻し、山は生森組名義で残す。
組織の意思決定	総会	最高の議決機関（定足、組合員の1／2）、所有山林の大きさに関係なく1人1議決権を持つ、理事会随時開催
	設立・解散手続き	総会定足成立のうえ、議決権の3分の2以上の多数
収益根拠と配分	「道路管理規約」による収益	生森組、官行造林、町有林、私有林の立木、雑石（土）の売買による使用は、区分により徴収。使用料は道路管理費に充当
	「分収造林規約」による収益	契約は理事会の承認必要。期間70年限度。分収割合は収益（経費差引き後）の50%、造林者、生森組共に。費用負担は造林者。収入の都度分収する。
		4自治会との分収契約（60年）があり、売上（経費を引く前）の50％を分収し、赤字は補助金で補填
	配分は、法廷準備金、任意積立に充当、残余は出資額割合、事業従事の程度に対する配当金又は繰越金	
損金補填・負担配分	4自治会による	2003、2004年は3000万円の赤字があった。立木を売り補填した。2003～2006年は木材価格の下落により自治会に資金がなくなると、立木を売り植林・保育費に充てた。また、農道、集落施設を造るために資金が必要となった。公民館を造ったときは4000万円の借金をした。返済は40戸が毎月1万円、年間12万円負担し、10～13年かかった。
	任意積立金、資本準備金、及び法廷準備金の順序により補填	
役員の数・報酬の有無	組合長、役員	4自治会の住民総理が組合長、役員は理事6人（4自治会の会長）、監事2人
	報酬有	総会で決める
組合員の出役義務	1955～1975年初期	春3回、6～7月は毎週土日、年10回下刈りに出た（天役という）
	現在	年2～3回出る、道の草刈りなど軽微な作業を行う、高性能林業機械の使用不可
課税措置	特になし	固定資産税、法人税、及び住民税を納付
所有、利用、管理に関わる主体	①東河内生森組	森林の現物出資、現金出資、運営
	②役員	森林管理活動、月に2回パトロール、経営計画の作成
	③分収造林契約者	森林を借り、植林・保育・伐採し、収益を分配
	④素材生産業者（組合員）	間伐施業に関する実働
	⑥行政の支援	団地化促進、針広混交整備事業などの提案、資金提供、都市住民へ森林体験などの情報を送る

出所：山下（2011）、中川（1998）、黒木他（1974）、東河内生産森林組合提供資料より筆者作成

（3）合意形成を容易にする「多数決制」への変容

「株山」においては、最高の議決機関は総会であり、通常総会は年1回必ず開催し、「構成員」の2分の1以上の出席で成立し、出席者の過半数で議決する。議決は持株数によることなく、出席「構成員」1人につき1議決権とする。これ以外に特別総会もあり、それぞれ議決事項が定められている。また、管理運営については、その機関として総会において役員・管理者を定め、役員と管理者で評議員会を組織し、随時会を開催している。なお、総会の出席促進のため、出席者には世帯単位で「出席賞」として金一封を出している。その結果、2015年度の総会出席率は90％であり「構成員」の経営への関心が薄れない取り組みを行っている（表7－3を参照のこと[注12]）。

「東河内生森組」においても最高の意思決定機関は総会で、組合員の2分の1以上の出席で成立し、通常議案、緊急議案共に出席者の3分の2以上の同意で議決する。これ以外に特別議決事項（定款の変更、解散または合併、組合員の除名）の議決についても別途定められている。役員は理事6人、監事2人を置き、別途「選任規定」があるが、役員報酬は総会の議決によっている（表7－4を参照のこと）。このように、双方とも組織の意思決定を、多数決制に変容させることにより、代表制によるリーダーシップが機能しやすく、合意形成が得やすくなっていると考えられる。

5．「入会の現代的変容型林野」における人工林整備状況、及び収益分配の変容の分析

（1）路網整備の進捗状況

以下では「株山」、及び「東河内生森組」の近年の路網整備状況を時系列的にみていく。

2006年3月に、協同組合「しそうの森の木」から県営住宅用材に「株山」の間伐材を使う申し入れがあった。そこで墨山地区の8haを対象とした高性能林業機械による「列状間伐」（これは、選木の基準を定めずに単純に列状に間伐する方法[注13]）を行ったところ、これまでの「切捨間伐」とはちがい予想を上回る収入を得た。この結果、宍粟市の林業再生のモデルとして路

網整備を進めていくことになった。さらに同年、手入れが遅れている「出石地区」で、「県民緑税」投入による30haの「針広混交林整備事業[注14]」（写真7－1を参照のこと）の認定を受け、県費3400万円を投入した普通作業道と簡易作業道を開設した。そして、2007年度には4.5haを皆伐し、その跡地に広葉樹を植林して混交林化を図り、残りは10ヶ年計画で利用間伐を行っている。その後の保育の費用は「株山」で負担すると共に、植林後は新芽をシカに食べられないように役員でパトロールを行っている。その費用も「株山」が負担し、パトロール参加者には「燃料代」として少額の金員を支払っている。

また、2007年より始まった「新林業施業五ヵ年計画」においては、2012年までに4ヶ所で、県の「路網整備事業」を利用した111haの利用間伐を計画し、崩れない作業道と列状間伐跡地の植林方法について調査している。

以上から「株山」の路網整備実績をまとめると、表7－5のとおり、その距離は年々増加し、路網密度は2011年現在、ha当たり104.7mと密度を高めている。ちなみに、2013年の日本の森林の平均路網密度は作業道、林道合わせて20m/haであり、オーストリアは89m/ha、ドイツ（旧西ドイツ）は118m/haとなっている[注15]。したがって、ドイツに近い高密度な路網整備実績を有しているといえる。

表７－５　「東河内株山共有林」の林道・作業道整備実績

	延長（m）	合計（m）	累計（m）	路網密度 m/ha	場所
2006年度以前	2500	2500			
	2199				古峠・水無
	1200				墨山
	413				水無
	1120				水無
	180				滝谷
	600				出石
	970	6682	9182	24.7	出石
2006年度	2900				墨山2379-1,4
					墨山2379-4,21
	603				水無2386-1
	1936	5439	1万4621	38.8	出石1646-1
2007年度	966				出石1646-1
	1400				出石1646-1
	863	3229	1万7850	48.1	墨山2379-4
2008年度	1157				墨山2379-6
	2521				出石1646-1
	1278	4956	2万2806	61.4	墨山2379-1,4
2009年度	1600				水無
	1145				墨山2379-4
	3210	5955	2万8761	77.5	墨山2379-5,6
2010年度	1902				出石1646-1
	1549				古峠2385-8
	1429	4880	3万3641	90.7	古峠2385-1
2011年度	429				古峠2385-1
	513				水無2386-5
	530				出石1646-8
	644				墨山2379-3,21
	900				出石1646-1
	554				墨山2379-3
	1642	5212	3万8853	104.7	出石1646-1

出所：東河内株山共有林「東河内株山共有林管理計画の概要」（2014閲覧）より筆者作成

次に「東河内生森組」の路網整備経過をみると、2009年度の兵庫県の声掛けにより、4自治会と「株山」に宍粟市有林、及び「東河内生森組」が協議会を締結した。これは、生産者、行政、地域住民が一体となって、協働して林業振興を目指す協議会であり、前述のように「東河内生森組」は経営林の内、1748haが「東河内流域林業経営モデルエリア地区」指定（兵庫県下第1号）を受け、低コスト団地の集中的設定により19団地が実現した。その結果、表7-6のように路網整備も急速に伸び進み、2014年度現在の路網密度は、ha当たり、59.1mとなっている。

表7-6　東河内生産森林組合施業実績表

年度	間伐面積 ha	搬出材積 m^3	作業道m
2007	7.34	807	788
2008	10.56	1253	1870
2009	5.89	1111	1064
2010	14.86	2744	3784
2011	61.23	7157	9587
2012	33.14	4282	7210
2013	31.15	4008	4271
2014	32.08	4008	4647
作業道累計			3万3221
路網密度 m/ha			59.1

出所：東河内生産森林組合（2015）「次代に引き継ぐ林業経営」より筆者作成

注：2006年度まで、保育間伐のみ行い、他の実績はなし
2007年度の間伐収益により、間伐への関心が高まる
2009年度流域林業経営モデルエリア指定（県）
路網密度は、作業道累計を人工林面積（562ha）で除した

（2）利用間伐の実績と収益の分配方法

1）「株山」の場合

「株山」の間伐施業面積の推移を表7-7にまとめると、「対経営森林面積

比」は2011年度が7.91％、2013年度が2.01％、2014年度は3.66％と推移し、宍粟市平均の「利用間伐面積対森林面積比」2011年度2.34％、2013年度1.37％、2014年度1.0％(注16)と比較すると、「株山」が高い間伐率を上げていることがわかる。

その結果、「間伐」による直近の概算収支は以下のとおりとなっている。2013年度収入は、1715万9000円、支出は861万7000円、粗利益は854万円となっている。2014年度収入は、3080万4000円、支出は1583万円、粗利益は1497万4000円（両年度共、補助金を含む、誤差は四捨五入による）である。利益が生じたときは、「理事会」の決議により、構成員に持株数に応じて分配することができるため、2014年度は、「地代」の名目で（必ずしも会計処理上の「地代」とは限らない）一定の現金を分配している(注17)。したがって、利益は共同施設購入、整備などの共同体の費用に充てられるのではなく、個別分配に変容していると考えられる。

表7－7　株山共有林施業履歴

施業内容	単位	2007年度	2008年度	2009年度	2010年度	2011年度	2012年度	2013年度	2014年度
植付け	(ha)		3.76				—		
下刈り	(ha)						—		
枝打ち	(ha)						—		
除間伐	(ha)		15.64			2.85	—		
主伐	(ha)	4.65	0.14				—		
	(m^3)	1065	112				—		
搬出間伐	(ha)	22.57	8.08	29.53	11.46	22.94	—	5.82	10.62
	(m^3)	4934	1327	2936	1429	2715	—	841	1819
対経営森林面積比	(%)	7.78	2.79	10.18	3.95	7.91	—	2.01	3.66

出所：東河内株山共有林（2014閲覧）「東河内株山共有林管理計画の概要」より筆者作成
注：空欄は0、2012年度は施業なし

2）東河内生森組の場合

東河内生森組の近年の間伐実績は、前表7－6のように2011年から大幅に増加し、間伐材の販売結果は、表7－8のとおりで、2014年度は合計約3986

万円の売上を得ている（東河内生産森林組合［2015］「生産森林組合通常総会議案」による）。

また、森林カーボン・オフセット(注18)にも取り組んでいる。これは、兵庫県森林組合連合会からの声掛けで、某信用金庫の仲介によるもので、オフセット・クレジット（J-VER）(注19)制度を利用したものである。2014年度には、約200万円、1t当たり5000円の収入があった。直近の計画は、2008～2012年において、第1次3ヶ年で597t/CO_2、第2次2ヶ年で1374t/CO_2、総吸収量1970t/CO_2となっている。その内1263t/CO_2が、既クレジット量となっている。

表7－8　東河内生産森林組合販売実績

（2014年度）

区分	間伐	
	数量（m^3）	売上高（円）
立木	4008	3864万
椎茸原木		122万
小計		3986万
J-VER 売上		195万
合計		4182万

出所：東河内生産森林組合（2015）「生産森林組合通常総会議案」より筆者作成

収益分配に関しては、「生森組」であることから「株山」とやや異なる。それは、「東河内生森組」の森林は自治会との「分収契約」にもとづき「借入」したもので、これを「東河内生森組」が造林者（組合員）に「分収契約」にもとづき再リースしている。この時点では、「分収造林規約」にもとづき収益分配は、経費差し引き後の金額が基準となるが、造林による収益分配の割合は「東河内生森組」5割、造林者5割とし、収入の都度分収する。但し、間伐材30年生以上は「東河内生森組」4割、造林者6割とする。また林道などの支障木は売却額の1.5割を「東河内生森組」に納入するとし、費用負担は、植栽、保育に要するものは造林者（組合員）の負担となっている。

ところが、前記のように森林は当初、「東河内」の4つの自治会組織（旧入会団体）のものであったが、「東河内生森組」に名義を変更したため、各自治会との「分収契約（およそ60年）」があり、これによって、各自治会と「東河内生森組」との収益分配の取り決めが必要となる。ここでは、収入の50％をそれぞれに分配することになっているが、「東河内生森組」の売上収入から経費を差し引きした結果、赤字であったとしても各「自治会」は、売上の分配は受けるという仕組みになっている。一方、「東河内生森組」に剰余金がある場合は、払込済出資額に対して配当するが、率は年10％以内とする。または、年度内において組合の営む事業に従事した日数の他、労務事業に従事した程度に応じて配当する、あるいは繰越金としている。この背景には、「森林組合法」第三章生産森林組合、第九九条2にもとづく、剰余金の配当率、及び組合員が組合の事業に従事した程度に応じて分配しなければならない、とする法律による規定がある。

以上から双方とも路網整備が進み、その密度は、前者が104.7m/ha（2011年度）、後者が59.1m/ha（2014年度）と、日本の平均路網密度（2013年現在、20m/ha）を大幅に上回っている。これによって、利用間伐が促進され収益を得ている。その収益は、構成員各世帯への現金による分配に変容していると考えられる。

6.「担い手」育成の取り組みにみる事業の持続性

「株山」は、面積が大きく、他との協働による施業森林もあるため、施業量が多く林業の仕事量に持続性がある。そのため、経営・管理、及び施業の実働者すなわち「担い手」が内部構成員に複数存在する。「経営計画」は外注せず、役員が自ら樹立している。また、造成事業、及び大規模補修は、構成員（株主）であるR社、K社に委託している。さらに、植林、枝打ち、除間伐、利用間伐などの施業も構成員の素材生産業者R社、K社が請け負っている。

林業の後継者問題はここにおいても深刻で、K社が中心となり、若手林業従事者の育成を目指し、雇用者と従業員の対話を活発にする目的で、以下のようなイベントを開いた。それは、2015年9月19日に宍粟市一宮町東河内本谷にて行われた「みどりの集い.COM」で、内容は、ドローンによる山の実況映写や、林業機械の試乗・操作、木の彫刻づくりの実演などで構成されている。これには、当イベントが主な目的としている「林業担い手ミーティング」があり、市の林業担当者、農林振興事務所担当者、素材生産業者、各生産森林組合代表、これらの林業従事者等、合計約120人（主催者把握）が集まり、宍粟市における林業就業について若年者（40才未満）から熟練者までが活発な意見交換を行う場となっている（写真7－2を参照のこと）。

ここでは、地域の林業従事者である若者（40才未満）と中堅者（50才未満）、及び熟練者（50才以上）が集まり、日頃抱えている仕事に関する悩みや思いを話し合い、意見交換することにより、若者の林業就業意欲を喚起している。質疑応答の内容は、表7－9のとおりとなっている。若者、及び中堅者、熟練者にとって林業の課題は、女性を現場に受け入れ難いこと。それは、力が要ることと、トイレの問題などによっている。また、虫が苦手な若者もいる。逆に、林業の「やりがい」をまとめると以下となる。1には、現場が完成した瞬間が楽しい。2には、木が多いため半永久的に仕事がある。3には、誰にでもできない仕事であるためやりがいがある。4には、木が高く売れたときが楽しい、となっている。林業という仕事に創造性を見出している若者の意見もある。

表7－9　若者と中堅、熟練の担い手ミーティング質疑・応答結果

質疑	応答				
		熟練（50才以上）		若者と中堅（50才未満）	
林業現場に女子を受け入れるには、どうすればよいか。	トイレの問題と、力が要ることが問題、高性能林業機械化が進むと、女子も可能になる。	○	林業経営体代表者		
	女子は、トイレの問題に関しては、何とかなる。心配は不要。			○	農林事務所勤務女性
社員が楽しみにしていることは何か。	年１回の社員旅行と忘年会	○	林業経営体代表者		
林業のどういうところが楽しいか。	木を切ることが楽しい、木を積んだトラックが出発する瞬間が楽しい。	○	林業経営体代表者		
	１日が終わり、山の状態を振り返り帰宅するときが楽しい。	○	林業経営体代表者		
	木が高く売れたときが楽しい。			○	木材市場勤務
	補助金が入って来るときが楽しい。			○	林業経営体勤務
	現場が完成した瞬間が楽しい。			○	林業青年会
宍粟で、林業に携わる人は、どういうメリットがあると思うか。	宍粟は、木が多いから反永久的に仕事がある。誰にもできない仕事であり、やりがいがある。			○	林業経営体勤務
	仕事を確保するうえでは、見通しが明るい。			○	林業経営体勤務
	以前は、虫が苦手だったが、これがなくなった。			○	大阪からＩターンで林業経営体勤務
	山が好きで、好きな山仕事ができる。	○	公務員から退職し林業経営体代表者		

出所：筆者作成

注：本表は、一宮町の素材生産業社主催による「みどりの集い.COM」が、2015年９月19日、宍粟市一宮町東河内で行われ、筆者がこれに参加し、イベントの内の「担い手ミーティング」における質疑・応答を聞き取りしたもの

一方、宍粟市全体の林業賃労働者数の推移をみると、2011～2014 年の 3 年間においては、大きな増減はないが、労働者の年齢的推移は、60 才以上は減少し、40～50 才未満が増加傾向にある(注20)。

他方、「東河内生森組」にとっては、「株山」と協働したことにより、「担い手」の共有ができている。すなわち、かつては、頻繁な天役（勤労奉仕）により施業を行っていた（表 7 - 4 を参照のこと）。ところが近年は組合員の高齢化が進み、山仕事の経験がある人が少なくなり、施業が進み難くなっていた。そのため、枝打ち、間伐など危険な作業は、専門の林業事業体に委託せざるを得ない。ここで「東河内生森組」は、「間伐」などの「施業」を組合員であり、「東河内流域林業経営団地」の協働体に所属する X 社、K 社の素材生産業者に依頼することができるのである。なぜなら、両社共、高性能林業機械化を進め、若い林業従事者を多数雇用している（ヒヤリングによると、約 30 人の従業者の内 8 割を 30～40 才の従業者で占めている）ため「担い手」の確保ができ、また林業経営に関する情報、及び知識を共有することができる。つまり、「東河内生森組」にとって「東河内流域林業経営団地」への参加は、林業経営上の有利な条件を得ることができる結果となっている。

以上から林業の「機械化」が進んでいる現状では、「担い手」は数多くは必要とされない。むしろ機械を使いこなせる人材が必要で、これに適した人材が確保されれば、面積的に十分な仕事場としての間伐施業地が必要となると考えられる。

7.「総有」の概念を用いた土地集約、及び「入会慣習の残渣が機能する林野」における人工林整備促進の分析

本節では、「入会慣習」における「総有」の概念を用いた土地集約化を自治体の要綱に取り入れた林野、及び「入会慣習の残渣が機能する林野」における人工林整備を促進している要素を分析する。

（1）「諸塚村土地村外移動防止対策要綱」による「面的まとまり」の保持

1）「諸塚村土地村外移動防止対策要綱」制定の背景

諸塚村（1962）によると、林業が好況であった1960年代は日本経済の高度成長期であり、木材需要の急増により木材価格が高騰した。そのため「諸塚村」では、森林が投資物件とされ、都市の資本家が森林を買い占める動きがあり、所有権の多くが都市に移動した。また、土地を売却し大都市へ転出する例も増加した。

「諸塚村」において、森林が村外者所有になることによる問題点は、高密度道路網整備は、その用地を各森林所有者が無償で提供し、住民が管理していることにある。すなわち、住民の相互理解と協働の上で維持されている。したがって、村外者が土地（森林）を所有すると合意形成が困難となり、道路の開設や維持管理が困難になるという懸念が生じる。さらに、矢房（2011）によると、他の市町村では村外者が、採算性のみの目的により森林を所有することで、届出のない違法伐採(注21)が多発している。その後、これらが再造林放棄地となり、林地残材の放置、作業道管理放棄による災害の誘発などの深刻な問題が多発しているという。

2）「諸塚村土地村外移動防止対策要綱」の概要と実績

上記の対策として、1960年3月に「諸塚村土地村外移動防止対策要綱」（以降「要綱」と略す）が制定された。その目的は、村の産業・経済繁栄向上の基本となる土地に対して、特に森林の所有権が村外に移動することを防止することにある。これを実行するために「諸塚村土地村外移動防止対策委員会（以降「本委員会」と略す）が編成された。これは村長が会長になり、後述の自治公民館連絡協議会長、及び村議会議員で構成されている。さらに「本委員会」の協力員として、青年連絡協議会長、各支部長、及び婦人連絡協議会長を委嘱し、関係情報の把握や村民の相談に応じ、指導援助を行っている。実際に土地村外移動の事案が発生すると、①には、土地を手放さなくても済むように金融措置をとる。②には、売却する場合は、まず近所の人、次に村内の人、最後は森林組合、及び農業協同組合、村の順に買い取りを仲介する。また、家計や労力の都合で早期に造林ができない森林については、

「本委員会」などは、近所の人、実行組合、公民館、森林組合、農業協同組合、村との分収造林の実施を勧めることになっている。さらに村外者に土地売買を仲介する者に対して、「本委員会」などは、将来的に村の発展の障害となり、弱体化の要因となることを説明し、その了解を求めて仲介を断念するよう説得することにもなっている。

この結果、「要綱」にもとづき村民が買い取った森林は、2005年度までに84件の約842haに及んでいる。これらは、矢房（2011）によると、在村者所有森林の6.4％に当たり、当村の不在村者所有森林割合は12.5％（2000年「センサス」による）と、県平均の22.4％、隣接の椎葉村の36.4％と比較すると、大幅に低くなっているとしている。

（2）合意形成の構築に機能する「諸塚方式自治公民館活動」

1）「諸塚方式自治公民館制度」と「公会堂」の存在

「諸塚村」は、戦前から各集落に「青年会」や「壮年会」などの組織が活動していた。敗戦によってこれらは、軍国主義下のものであるとして全国的に解体されたが、村民は戦後の民主主義に沿った新たな「自治組織」を再構築した。1948年に、各集落で古くから活動を続けていた団体を「壮年部会」「婦人部会」「青年部会」と改称し、これを結成する組織として「諸塚方式自治公民館制度」が認められることになり、これを設立した。

一方、戦前からあった「公会堂」の存在もこの制度の実質的な活動の拠点として重要であるため、1950年までには村全体の15ヶ所に「公民館」が建設された。以後「公民館」を中心とした「自治公民館連絡協議会」が村のリーダー的役割を担い、行政との連携を図り、社会的、及び文化的な活動をしている。その一環としてこれが「要綱」の実践部隊としての役割を担っている。しかしながら、上述の「要綱」による規制や、これを機能させる「自治公民館連絡協議会」活動も時代と共に問題点も出てきている。以下ではこれについて考えてみよう。

2）「諸塚村土地村外移動防止対策要綱」の課題と今後の方向性

全国的にも中山間地域における高齢化問題は深刻であるが、「諸塚村」も同様で、今後益々世代交代により森林の所有権が、村外に流出することが予測される。矢房（2011）は、林家の経営も厳しい中では、村内林家だけでは買い取りは困難で、村などの購入にも限界がある。もっと広い範囲での受け皿が必要であるとしている。その1つの方法として、FSC（森林管理協議会）の森林認証制度の活用を挙げている。村外者に所有権が移転する場合は、このFSCグループへの加入を強く勧めることで、村ぐるみで所有者に森林経営戦略のマネジメントを行い、地域と一体化した森林管理ができる可能性がある。単に所有権を制限するだけではなく、利用権を地域でコントロールすることで、メリットを生む方法が必要という。

以上は、自治体における「総有」の概念を用いた合意形成の容易が機能する「林地集約化」の手法であるが、次に入会慣習の残渣が合意形成の構築を容易にし、事業規模を拡大することによって人工林整備を促進する手法についてみていくことにする。

（3）金勝生産森林組合における林業経営

1）持続的な間伐施業

「金勝生産森林組合」（以降「金勝生森組」と略す）は、林業経営の目的を「歴史ある森林を子孫に残すこと」としているため、持続可能な林業経営を目指し、木材生産については、皆伐は行わないで長伐期施業による間伐を行っている。そのため、近年10年くらいは、年間約1000 m^3 程度の生産量に調整している（数値は「金勝生森組」へのヒヤリングによる）。「施業」は、地元の森林組合に委託している。なお、生産された木材の付加価値を高めることが、次世代の組合員のモチベーションの増大に寄与するという運営方針のもと、2011年に「SGEC森林認証」を県内初で取得した。

また、人工林整備には欠かせない林地境界の明確化にも積極的に取り組み、2012年には組合所有森林の「観音寺字蔭山」、及び「社谷」の一部と「湖南市西寺」との境を明確にし、測量をして境界杭を打ち、境界確定協議書を交わした。

2）森林賃貸事業（地主業）

「金勝生森組」所有森林の中には、他者に貸し出されているものがいくつかある。その１つに「フォレストアドベンチャー・栗東」がある。これは「フォレストアドベンチャー」社が設備し、森で遊ぶスペースをつくり観光事業を行っている。２には「金勝の里・道の駅」に賃貸借している。ここには、グランドゴルフ場も併設されている（写真７－３を参照のこと）。これらの賃貸借事業は、「金勝生森組」にとって、地代による安定的な収入源となっている。

（４）人工林整備資金調達のための協賛金事業の取り組み

1）「栗東きょうどう夢の森プロジェクト」事業

木材価格の低迷が続く現況では、木材生産による利益は期待し難いため、人工林整備の資金調達事業の一環として、栗東市の商工会との連携による環境貢献事業である「栗東きょうどう夢の森プロジェクト」を興した。これは、参加企業から協賛金を得ることにより、「金勝生森組」はこれを人工林整備費用に充てることを目的としている。企業側のメリットは、栗東の森林を地元企業が守る取り組みを行うことにより、社会的貢献を果たしていることになる（写真７－４を参照のこと）。両者のメリットを活かした資金調達の手法といえる。

また、滋賀県の「琵琶湖森林づくりパートナー協定」を活用した事業も行っている。これは、地元企業から一口１万円の協賛金を受け、「金勝生森組」が行う人工林整備の経費（間伐、間伐材の搬出、枝打ち、下刈りなど）、及びCO_2吸収量の算定に必要な調査委託経費などに使う目的で事業化された。これに対して「金勝生森組」からは、企業がCO_2吸収に協力したことを証明するために「CO_2吸収協力証」を発行する。すなわち、栗東の森林を地元企業が守り、CO_2削減に協力したことをアピールすることが、企業のCSR[注22]活動の一環となっている。この結果2009～2014年の５年間で、延べ576事業所から691口の協賛があり、提供の資金総額は450万円となり、結果的に、19.78haの人工林を整備した。この協定は2017年まで期間延長されている（写真７－５を参照のこと）。

さらに、別のプロジェクトには、資金提供を受けるのではなく、企業がボランティアで社員を動員し、人工林整備作業をする取り組みもある。この場合の企業側のメリットは、社員が森林の中で作業をすることで、快適な汗を流すことなどの福利厚生効果を得ることにある。「金勝生森組」にとっては、人工林整備に一般市民を巻き込む機会を得、活動への協力を得やすくすることができるメリットがある。

2）放置林防止対策境界明確化事業

他方、「放置林防止対策境界明確化事業」もあり、これは放置林を防止するために、隣接の放置民有林に一緒に事業ができるように声掛けを行い、「金勝生森組」が中心となり、境界確認に積極的に取り組んでいる。

3）水源の森づくり事業

「水源の森づくり事業」は、企業の事業所、及びその労働組合、「金勝生森組」の三者協定による「水源の森づくり」として、アカマツ林の再生を目指している。この事業は、技術面で「金勝生森組」が「施業」をリードする必要性があり、相手側と詳細な条項を作成し、事業を進めている。これも他と同様に、企業のCSR活動とマッチした事業である。

（5）事業実績からみる収益分配の変容

以上の事業は、表7-10のように2011年度、2012年度共に利益が生み出されている。これらは、間伐収入以外にも地代収入と、協賛金収入によっている。利益は、一部を内部留保し、残額は出資割合に応じて組合員に現金配当を行っている。すなわち、ここでは「森林組合法」による「事業従事者」への分配にこだわらない変容がみられる。

表7-10　金勝生産森林組合の収益状況

（単位：円）

区分	2011年度		2012年度	
	収益	費用	収益	費用
事業総損益	2570万	775万	2486万	685万
事業管理費		712万		704万
事業外損益	61万		43万	
計	2631万	1487万	2530万	1389万
経常利益	1143万		1140万	

出所：金勝生産森林組合提供資料より筆者作成

8．「入会の現代的変容型林野」の現代的意義における人工林整備促進の効果の要素からモデル化

本章では、「入会の現代的変容型林野」または、「入会慣習」の一部を用いた自治体の「要綱」、さらに「入会慣習の残渣が機能する林野」が旧来の慣習をどのように承継し、あるいは変容させて林業経営を行ってきたかを以下にまとめ、これを入会林野の現代的意義とし、現在の人工林整備促進の効果の要素として抽出し、モデル化を試みる。

但し、本章でいう効果とは、事例対象地または、事例地が含まれる市町村の路網密度が、日本の平均数値以上の密度であることを効果があると規定する。

（1）「土地所有」より「土地利用」の意識が高い要素

「入会林野」の歴史的経緯を分析すると、これらは旧来より土地所有権にはこだわらず、地域共同体が共同で利用してきた。利用する共同体内部、あるいは対外的な規則を共有し、その共同体内に居住していることを条件として、「土地所有権」には関わりなく「利用権」の優先を維持してきたと考えられる。その背景には、農業中心の経済生活においては、副産物としての林産物が欠かせなかったことがある。このことは、エネルギー革命が起こる前

まで続いていた。その後は、集団的規制を緩和し、収益目的とその分配の仕方を変容させて再編し、利用方法、及びその形態を変容させながら、「入会の現代的変容型林野」では、現在も「利用」が活発である。すなわち「所有」より「利用」の意識の優先により、結果的に人工林整備が促進されているところに「入会林野」の現代的意義があると考えられる。

（2）「面的まとまり」保持の要素

「入会の現代的変容型林野」においては、現在の高性能林業機械化にもとづく「効率化」を目指す「施業」に、効果を発揮する重要な要素の1つとして、森林の「面的まとまり」の保持が挙げられる。

森林利用の権利者（原則的に「総有」による「地区内居住者」である）は、これを地区内に保持するために各人の住所地を限定し、他地区からの現物（森林）出資を排除する。また、権利者を固定化し、地区外転出、及び地区外居住の相続人には、権利の移動を認めていない。権利売買は地区内間に限って認めている。さらに、「入会の現代的変容型林野」の中には、近年「権利」に担保設定をする権利者が現れたことを懸念し、権利者の地区外からの参入を避けるために地盤所有者名義を代表者名に変えて、これを防ぐ手法としている。

このように権利主体の「地区外」流出を徹底して防御し、また、構成員1人につき一定の共有持分を超えて権利を所有することができない規約を設け、利用権の独占化に対する防御も行う。その上、明文化された「規則」と個々の権利者への「記載事項証明書」の作成により、権利が可視化されているものもある。また、賦役がなく「施業」は専門業者に委託するため、高齢になっても権利を保持することができている。

以上によって、構成員の権利取得や譲渡などに関しては、「入会」の典型的な土地共有形態である「総有」の規制が働き、土地共有権の地区外への流出を防御している。このことが、結果的に森林の「面的まとまり」を保持する要素となっている。これらは林業が高性能機械化による「効率化」を目指す現状では、路網整備が捗りやすく、人工林整備を推進する上での強みとなっている。

また、「総有」の概念を現代的に「仕組み」として取り入れ、森林の所有権が村外に流出することを防止する施策をとっている自治体がある。換言すると、本来は私的所有にもとづく土地は、民法によると、その処分権は所有者の判断によるが、自治体が要綱によって、村内の土地所有者に対して所有権の流出を制限する。その目的は、一体的な土地利用（主として道路建設、及びそのメンテナンスのために）ができるように、すなわち土地を「集約化」する必要が生じたときに合意形成を得やすくするところにある。その結果、人工林整備に必要な路網整備（道路整備）を進め、「機械化」による効率的な「施業」が行われている。村が一体となり、「入会慣習」の一部である「総有」の概念を用いた森林の面的集約化による人工林整備の促進と考えられる。

（3）合意形成構築が容易な要素

「入会の現代的変容型林野」では現在、構成員の森林への関心は薄れる傾向にある。そこで、構成員の林業経営への無関心化を防ぐために、最高の議決機関である総会の出席を有償にし、高い出席率を保っている。すなわち、「総有」の原則である「全員一致制」を変容し、「多数決制」が機能するよう図っている。そして、構成員は森林を個々に利用せず、経営は役員をはじめとする組織のリーダーに委任し、意思統一を図っている。これらは、合意形成構築の容易を形成する要素と考えられる。

また、「入会林野」における土地の「総有」の概念を用いた自治体の「要綱」により、「土地所有権」の村外流出を阻止し、合意形成構築の容易を保持している自治体がある。

「入会林野の残渣が機能する林野」の場合は、運営は選出された役員が主導し、一般の構成員、地域住民、及び地域企業を巻き込む手法で人工林整備を行っている。強固な組織づくりにより構成員間の連携システムを保つことで、道路建設やメンテナンス時における合意形成を得やすい仕組みをつくっているといえる。

（4）収益分配の戸別化の要素

「入会の現代的変容型林野」では収益分配の変容により、合意形成が得やすくなっている。すなわち、収益が共同施設建設、または、これらのメンテナンスといった地区の公益目的に使われるのではなく、構成員（戸別単位）の出資割合に応じて、現金で還元されることにより、構成員の森林への関心を維持し、多数決制による合議制を保持することができている。これによって、合意形成が得やすくなっていると考えられる。但し、「生森組」においては、法律上、出資割合に応じた分配が困難な場合がある。この場合は、分配は留保されている。

林業盛栄期には、「入会の現代的変容型林野」では、現場作業員として主に構成員を雇用し、その労働に応じた労賃を支払うことで、収益を分配していた。ところが、林業衰退期にはそれができなくなり、「補助金」を利用し、最低限の実費に当たる整備費用を実働者に分配していた。

その後の補助金制度の変更により、間伐収入が得られる現在では、林業経営への意欲が再興し、古典的な収益分配に囚われない方針をとっている。つまり地域の公益目的のための分配ではなく、収益が各構成員の戸別に現金で、出資割合に応じて分配されることが、構成員の経営意欲喚起の源泉となっている。

「入会林野の残渣が機能する林野」の場合も、収益分配については、これまでの公益目的の使途から、出資金の口数に応じて、または、施業参加の働きに応じて現金で分配するという方法に変容している。

（5）林業経営の持続性の兆し

「入会の現代的変容型林野」では、森林の「面的まとまり」の連携による森林面積のより一層の大規模化により、間伐施業の量的持続性が担保できるため、すなわち、仕事が絶えない就労環境があるため、構成員の内部から複数の「担い手」が育ち、その中からリーダーも現れている。さらに、当事業の持続性を担保する次世代の「担い手」の確保により、事業の持続性への兆しがみられる。

（6）入会慣習機能モデル

以上の現代的に人工林整備を促進させている要素を備えている代表的事例の「入会の現代的変容型林野」では、（一）森林の所有より利用を優先する。（二）森林の「面的まとまり」を保持している。（三）多数決制を機能させることにより、また、収益分配に関しては、持ち分、及び出資割合に応じた現金による分配とすることにより、合意形成の構築が容易である。

以上は、「入会慣習機能モデル」というべきもので、これらが人工林整備促進に効果を与える対象は、以下の範囲に及ぶと考えられる。

直近の「センサス」統計から捉えると、大塚（2013）のいう2005年の大幅な調査基準の変更があり、これによって、入会林野を起源とする森林の区分は、これ以前の統計と分断されている。したがって本稿では、その数を特定することは困難であるが、1980年「センサス」によると、全国の入会林野面積は約90万haであり、1966年の「入会林野等に係わる権利関係の近代化の助長に関する法律」が制定された当時は、200万ha以上（関東一円に該当）の面積に存在していた（中村［2009］）。

件数でみると、これらは「入会を起源とした林野」すなわち、第Ⅱ章4節1項の中尾（1984）のいう①～⑥の団体・組織に適用が可能であり、汎用性が高いと考える。これらを概略の数値でみると（2000年現在）、①～⑥の団体・組織は、②の会社、⑥の神社、寺院を除いても、全ての「林家以外の林業事業体」（10ha以上山林所有）数の約15万3000件に対し、約78％を占め、約12万件ある。その面積は、全ての「林家以外の林業事業体」面積である約644万haの内の、約74％を占め、約479万haある。

換言すると、2000年の時点では、個人的所有である林家は、その数（1ha以上の山林所有）は約102万戸あり、面積合計は約572万haとなっている。したがって、林家が所有する森林面積より「林家以外の林業事業体」が所有する森林面積の方が大幅に多く、その内の74％を、「入会を起源とした林野」が占めているのである。したがって、概略ではこれら全てが対象となると考えられる。

9．小括

林業が盛んな地域、または、国におけるオストロムに代表される「コモンズ論」では、日本のように衰退状態からの林業再生に活かせる入会林野モデルは解釈しにくいが、本稿では、日本では「ソーシャル・キャピタル」の観点から解釈することにより、入会林野の共同体的遺制を活用できる可能性があることを示した。

「生栖地区林業経営団地」と「東河内流域林業経営団地」を事例に、「入会慣習が現代的に機能している林野」と「そうでない林野」における人工林整備の進捗度の違いを検証する。そのために、一宮町における作業道設置件数と「縁故使用地」面積、及び「団地化」面積との相関関係を回帰分析したところ、回帰式の当てはまりは良く、要因の関連性が大きいことから、作業道設置件数と「縁故使用地」面積、及び「団地化」面積の相関関係は強いと判断する。そこで、入会慣習が現代的に機能している林野を「入会の現代的変容型林野」と名付け、これをもって人工林整備を進める場の要因になっていることが明らかになったといえる。

そして、「入会の現代的変容型林野」における人工林整備促進の効果の要素は、1には「土地所有」より「土地利用」の意識が高いこと、2には、土地の「面的まとまり」が保持できていること、3には、全員一致制より多数決制、または収益は現金により出資など割合ごとの分配とすることにより合意形成が容易であることが挙げられる。これらを「入会慣習機能モデル」とすると、日本における、「入会を起源とした林野」が存在するところに汎用性が高いと考えられる。

〈注〉

（注１）2011年改正の「森林・林業基本計画」以前は、「作業道設置」は単独で補助金の対象となっていたため、1971年から2009年に施工された「作業道」の施行実績がわかる。これ以降は、作業道に対する補助金政策が変わり、データは公的には、取られていない。

（注２）兵庫県HP（2000年度）『兵庫県林業統計書』によると、一宮町１万

9639ha、波賀町1万4922ha、以下、山崎町、千種町となる。

（注3）県行造林とは、所有者と県が「分収林」契約を締結し、県が造林事業を行った森林（長野県HP「用語の説明」)。なお、「分収林」とは、土地を借りて造林または、育林し、利益を所有者（地主）と分けあう（分収）の手法でつくられた森林のこと。「分収契約」には、土地の所有者・造林者または育林者の二契約と、土地所有者・造林者または育林者・費用負担者の三契約がある（林業Wikiプロジェクト［2008］『森林用語辞典』)。

（注4）公社造林とは、森林所有者が自ら行うことが困難な地域等において、分収林方式により人工林整備を行う事を目的として設置される公益法人（林業公社、造林公社等）によって行う人工林整備（茨城県HP（2012年度)「森林・林業用語」)。

（注5）公団造林とは、「森林開発公団法」に基づき設置されている法人が森林所有者と分収林方式による水源林造成等を実施している森林（茨城県HP（2012年度)「森林・林業用語」。

（注6）宍粟市産業部（2012)「森と共に生きるまち宍粟市」による。

（注7）東河内広域連携団地（2011)「低コスト団地配置計画」による。

（注8）緑資源機構とは、農林業の振興を目的とする農林水産省所管の独立行政法人（林業Wikiプロジェクト［2008］『森林用語辞典』)。

（注9）東河内生産森林組合（2015年閲覧)「次代に引き継ぐ林業経営」による。

（注10）地盤所在、字出石2筆、字墨山2筆、字古峠2筆、字水無2筆の登記簿謄本全部事項証明書、閉鎖登記簿、土地台帳を閲覧し、典型的な事項を選出しまとめた。

（注11）神戸地方法務局龍野支局（2015閲覧)「宍粟市一宮町東河内旧土地台帳、写し」による。

（注12）株山共有林ヒヤリング（2015）による。

（注13）福井県HP「主な用語の解説」による。

（注14）兵庫県2013年度予算には、「災害に強い森づくり」事業として「県民緑税」を活用した、2011～2017年まで「針葉樹林と広葉樹林の混交林整備」（12億7000万円）事業が挙げられている。兵庫県農政環境部提供資料による。

（注15）林野庁HP（2013年度)「路網密度と作業システム」による。

（注16）兵庫県 HP（2011、2012、2013、2014 年度）「兵庫県林業統計書」による。

（注17）株山共有林（2014）「決算報告書」による。

（注18）カーボン・オフセットとは、市民、企業が①自らの温室効果ガスの排出量を認識し、②主体的にこれを削減する努力を行うとともに、③削減が困難な部分の排出量を把握し、④他の場所で実現した温室効果ガスの排出削減・吸収量等（クレジット）の購入、他の場所で排出削減・吸収を実現するプロジェクトや活動の実施等により③の排出量の全部または一部を埋め合わせること（環境省 HP「カーボン・オフセット」）。

（注19）オフセット・クレジット（J-VER）制度の概要は、カーボン・オフセットの仕組みを活用して、国内における排出削減・吸収を一層促進するため、国内で実施されるプロジェクトによる削減・吸収量を、オフセット用クレジット（J-VER）として認証する制度を 2008 年 11 月からスタート（環境省 HP「カーボン・オフセット」）。

（注20）兵庫県 HP（2011、2012、2013、2014 年度）「兵庫県林業統計書」による。

（注21）都道府県知事によって樹立された「地域森林計画」の対象となる「民有林」では、森林法、第十条の八、伐採、及び伐採後の造林の届出、同九、伐採及び伐採後の造林の計画の変更命令などについて謳われている。これは、森林の伐採に関しては、面積、方法、後の造林計画などを明記した届出制度があり、これに違反する伐採は、市町村長が計画の変更を命じることができる。さらに、2011 年の改正では、無届伐採については、伐採の中止命令を出せることになっている（林野庁 HP〔2011 年度〕「森林法の一部を改正する法律の概要」）。

（注22）CSR とは、Corporate Social Responsibility, の略、「企業の社会的責任」と訳す（ウェブ weblio〔2017〕「英和和英辞書」）。

第Ⅷ章

自伐林家機能モデル

本章では、森林所有主体による林業生産活動が促進する人工林整備について、既存研究、政府統計、及び事例研究をもとに、「土地（林地）集約化」の観点から、本稿の論点を明確にする。具体的には、近年、林業経営体数が増加の傾向にある「自営林業」（家族林業経営体に限らず、自己所有森林の施業を自ら行う組織経営体も含む）の林業経営に着目する。そして、その中の大規模「自伐」が「経営の成立条件」を満たす過程で、「林地集約化」を行い、さらに条件不利な小規模所有森林を「集約化」する可能性を有するのではないかという仮説を立て、これを検証する。これらをもとにして、大規模「自伐」による人工林整備促進に効果を与える要素を抽出し、そのモデル化を試みる。

なお、本章でいう効果とは、「経営体」が路網整備を促進し、人工林整備を行った結果、事業対象森林、または事業地を含む市町村における路網密度が、日本の平均数値の20m/ha以上であることと規定する。

1．本稿の論点

興梠（2013）は、2005～2010年の「センサス」統計をもとに、農業経営と林業の素材生産量の関連性を捉えるためにクロス集計を行い、小規模農林業経営体における素材生産量の動向から、その活動の活発化を唱えている。また、遠藤（2013）による小規模「家族経営的林業」を担い手とした「土地所有」にもとづく生産性増大の理論、及び佐藤（2013b）の素材生産量からみた小規模「家族農林業経営体」における林業の活発化を唱える理論は、林業生産活動の活発如何を、いずれも素材生産量のみによって検証している。これらによる小規模「家族経営的林業」の生産活動は、素材生産を行う過程で、林地が面的な連続性を持って「集約化」され、路網整備が促進されたことの検証によるものではない。

ところが、近年の「地域」における過疎・高齢化、これによる林業の「担い手」不足が進む現状では、「機械化」による効率的な少人数の「施業」を目指さなければ林業は、再生できないのではないだろうか。そのためには、面的に連続した「林地の集約化」が必須条件であると考えられる。中でも小規模所有森林は、「集約化」が喫緊の問題となっている。したがって、林業生産活動の活発如何は、「機械化」に即した林地の連続性のある面的集約化、これによる路網整備促進の観点から捉える必要がある。このような状況下、地域内の「経営体」と協働し、早期的に「機械化」を図り、隣接する小規模所有森林を含む「林地集約化」を推進している大規模「自伐」の働きがある。本稿ではこれに着目し、森林所有主体における林業生産活動の活発化を検証する。

2．農林業センサスにおける施業受託を行う「経営体」の動向

前述の興梠（2013）のいう近畿の中からさらに、兵庫県における「経営体」の動向を捉えるために表 8 - 1 のように、全国、近畿、兵庫県の各年別の経営体数と素材生産量の推移を整理した。全国的には、2010～2015 年にかけて所有山林で自ら伐採した経営体数は 25.4％と大幅に減少したが、素材生産量は減少率が 7.7％に留まっている。そして、施業受託若しくは立木買いによる生産を行った経営体数は 9.2％増加し、その生産量は 42.4％増大している。近畿では、2010～2015 年にかけて所有山林で自ら伐採した経営体数は、33.3％大幅に減少し、素材生産量も減少率が 20.6％と大きい。ところが、受託若しくは立木買いによる生産を行った経営体数は、2.1％増加し、その素材生産量は 112.8％増大している。さらに兵庫県においては、同年にかけて所有山林で自ら伐採した経営体数は 8.4％減少したが、素材生産量は逆に 62.9％増加している。そして、施業受託若しくは立木買いによ

る生産を行った経営体数は13.2％増大し、その生産量は224.6％と大幅に増加している。以上から、兵庫県においては、所有森林で自ら伐採した経営体数は減少しているが、素材生産量は増大している。さらに、施業受託若しくは立木買いによる生産を行った経営体数は、わずかに増大しているが、素材生産量は大幅に増大していることから、大規模「経営体」における林業の「機械化」の促進による素材生産量の増大ではないかと推測する。

表８－１　林業経営体における素材生産を行った経営体数と素材生産量の推移

年	対象範囲	計		所有山林で自ら伐採した素材生産量				受託若しくは立木買いによる素材生産量			
		実経営体数	素材生産量 m^3	経営体数	増減率%	素材生産量 m^3	増減率%	経営体数	増減率%	素材生産量 m^3	増減率%
2005	全国	1万3626	1382万3670	1万618		390万1994		3993		992万1676	
2010		1万2917	1562万691	1万645	25.4	470万4809	20.6	3399	▲14.9	1091万5882	10.0
2015		1万490	1988万8089	7939	▲25.4	434万2650	▲ 7.7	3712	9.2	1554万5439	42.4
2005	近畿	964	67万1697	709		26万857		352		41万840	
2010		993	57万3410	806	13.7	25万6267	▲ 1.8	292	▲17.0	31万7143	▲22.8
2015		736	87万8296	538	▲33.3	20万3400	▲20.6	298	2.1	67万4896	112.8
2005	兵庫県	184	12万9543	123		4万6714		77		82万824	
2010		148	12万2886	107	▲13.0	4万1274	▲11.6	53	▲31.2	8万1612	▲ 1.5
2015		146	38万2109	98	▲ 8.4	6万7225	62.9	60	13.2	26万4884	224.6

出所：農林水産省 HP（2005、2010、2015年度）「農林業センサス」より筆者作成

次に、「センサス」により、宍粟市における林産物の生産、及び施業受託を行った「経営体」の動向を、2005～2015年において5年単位で整理すると、表8-2になる。（ⅱ）は、森林を所有し、林産物を生産すると同時に、他者所有森林の施業受託を行う林業のみを行う「経営体」である。2010～2015年にかけて2件微増しているのは、全国的な動向に近い増加現象と考えられる。この「経営体」には2つのタイプがある。

1には、森林を所有し、自らの森林から木材を生産し、その上、他者所有森林の施業受託を行っている自営林業（この場合、自伐林家と組織の所有林施業を行う組織経営体をいう）「経営体」が考えられる。

2には、原則的には森林を所有しないが、受託施業を行う過程でその所有者から買い取りを依頼され、買い取ることがある「林業サービス事業体」の「経営体」が考えられる。

その「経営体」の属性を絞り込むために、現地ヒヤリングを行うと[注1]、近年の宍粟市においては、「経営体」の内、森林を所有しないで施業受託のみ行う「経営体」が受託施業を行う過程で、施業に付随して森林を取得した実例はないという回答を得た。その結果、自営林業「経営体」、すなわち、組織経営体または「自伐」による可能性が濃くなってくる。以下ではさらにこの「経営体」を絞り込む。

表8－2　宍粟市における農林業経営体の経営タイプ別経営体数の推移

年	総計	農業のみを行う経営体				林業のみを行う経営体				農業と林業を併せて行う経営体						
												農林産物の生産、及び施業受託を行う				
													農林産物の生産をしている			
		合計	農産物の生産のみ	農産物の生産及び施業受託	施業受託のみ	合計	林産物の生産のみ（i）	林産物の生産及び施業受託（ii）	施業受託のみ（iii）	合計	農林産物の生産のみ	計	小計	農業及び林業の施業受託	農業のみ施業受託	林業のみ施業受託
2005	2666	821	778	34	9	219	196	9	14	1626	1570	56	—	—	—	—
2010	2109	621	575	40	6	125	112	9	4	1363	1276	87	85	3	70	12
2015	1620	556	508	43	5	80	63	11	6	984	914	70	69	1	58	10

出所：農林水産省 HP（2005、2010、2015年度）「農林業センサス」より筆者作成
注：—は統計がない、または、回答なしを表す

3.「経営計画」の進捗状況における「小規模所有森林集約化」動向の分析

ここで、「小規模所有森林」が位置する地理的状況をみることにより、これがなぜ「林地集約化」にとって条件不利となるかを検討する。そして、実質的な林業生産活動である間伐施業の実態を捉えるために、2011年策定の「経営計画」の進捗状況を分析する。この結果から、最も多く「小規模所有森林の集約化」を行っている「認定事業体」（これは、所有者から委託を受けて「経営計画」を作成し、「施業」を行う「経営体」(事業体)をいう）を導き出す。

（1）小規模所有森林集約化における地理的条件不利について

事例地における「小規模所有森林」の地理的立地状況をみると、図8-1の破線で囲んだ範囲で示すように、これらは大部分、谷合の山麓に分布し、図8-2に表示のように幹線林道からかけ離れた位置にある。したがって作業道の開設に多くのコストがかかる。さらに、これらの所有者の中には不在村者も多く、集約化のための合意形成に多大な時間と費用を要することになる。すなわち、「小規模所有森林」は、路網整備のコストが割高となるためこれが捗り難い。「機械化」が機能する間伐施業では、採算が取り難いのである。「小規模所有森林」は、「集約化」においてこのような地理的条件不利を有しているケースが多いと考えられる。

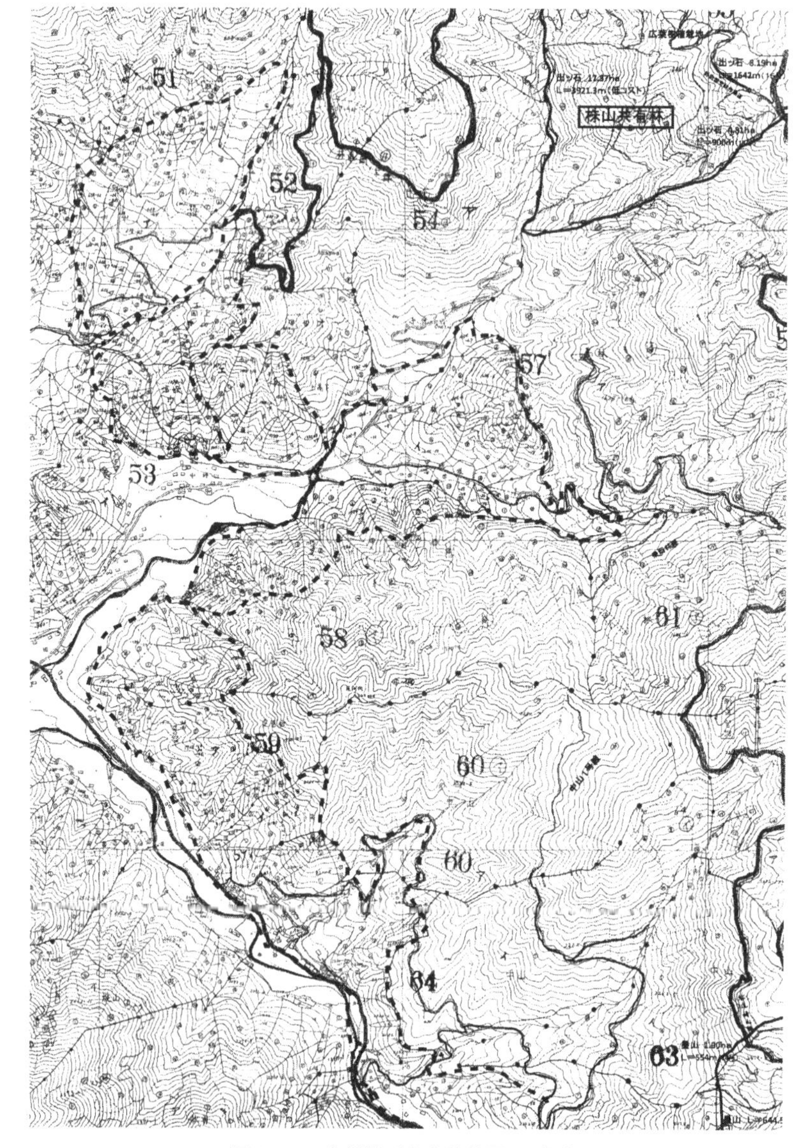

図８－１　小規模所有森林位置図（例）
出所：東河内株山共有林（2015）提供資料より筆者作成
注：破線で囲んだ部分が小規模森林所有の位置の例を表す

【一宮町管内】

図８－２　宍粟市林道位置図

出所：国土地理院の地図をもとに兵庫県と宍粟市が作成したものを兵庫県光都農林振興事務所の提供により筆者作成

注：林道は、「県営森林基幹道・ふるさと林道」「過疎代行林道」「市町営林道」を表示

（2）「経営計画」の進捗状況

本項では、宍粟市一宮町において、どの程度「経営計画」が認定され、「間伐」が施業されたか、またこれらの「認定事業体」は、業種的にどのような「経営体」なのか、その実態を分析する。

表8－3は、実質的な「経営計画」の開始年度である2013〜2016年3月末までの一宮町における「大字」ごとの「経営計画」認定結果のクラスター数を表したものである。具体的には、件数と面積で表示し、その内の小規模所有を巻き込み、「集約化」した件数と面積を示し、さらに「認定事業体」の業種形態を分類したものである（表中では「施業経営体形態」とする)。認定された「経営体」の内訳詳細は以下のとおりとなる。

「東河内（ひがしごうち)」の「経営体」は、「認定集約化クラスター数」が8件ある。認定面積は約798haで、「施業」は素材生産業者が受託し「経営計画」を樹立し、施業しているため「認定事業体」形態は、「素材生産業者委託型」とする。同様の委託型には、「閏賀（うるか)」「横山」「福知」「東市場（ひがしいちば)」「百千家満（もちやま)」の「経営体」がある。

「生栖（いぎす)」の「経営体」は、「認定集約化クラスター数」は1件、面積では約303haが認定されている。対象地の大半が「経営計画」の認定を受けているが、これは「自伐」が樹立し、「施業」も「自伐」が委託を受けて行っているため、「認定事業体」形態は「自伐林家委託型」とする。

「河原田」「公文（くもん)」「西安積」「安積」「倉床（くらどこ)」の「経営体」は、「認定事業体」として森林組合に委託しているため、「森林組合委託型」とする。

「千町（せんちょう)」の「経営体」は、森林組合と素材生産業者、両方に委託しているため、「森林組合・素材生産業者委託型」とする。

表8－3　宍粟市一宮町の「経営計画」進捗状況

（2013～2016年度）

大字名	認定集約化のクラスター数	内、含まれる小規模所有数	経営計画認定面積（ha）	内、含まれる小規模所有面積（ha）	施業経営体形態
東河内（ヒガシゴウチ）	8	0	798	0	素材生産業者委託型
生栖（イギス）	1	10	303	20	自伐林家委託型
河原田	3	0	177	0	森林組合委託型
閏賀（ウルカ）	1	0	28	0	素材生産業者委託型
千町（センチョウ）	4	1	141	2	森林組合・素材生産業者委託型
公文	7	0	333	0	森林組合委託型
西安積	2	0	127	0	森林組合委託型
安積	2	1	33	7	森林組合委託型
横山	1	0	59	0	素材生産業者委託型
福知（フクチ）	2	2	308	3	素材生産業者委託型
東市場	4	0	167	0	素材生産業者委託型
倉床（クラドコ）	2	0	84	0	森林組合委託型
百千家満（モチヤマ）	1	0	43	0	素材生産業者委託型
合計	38	14	2601	32	

出所：宍粟市産業部、及びしそう森林組合提供資料（2016）より筆者作成

注１：面積数値は概算による

　２：兵庫木材センターによる施業は素材生産業者型とする

　３：市有林が含まれる場合、「経営計画」は、市が作成するが、これは省略する

（3）小規模所有森林集約化の進捗状況

次に、上記の「認定事業体」において、「小規模所有森林」をどの程度取り込み、「集約化」しているのかを分析する。

図8‐3のとおり「小規模所有森林」を含めた「経営計画」認定集約化件数は、千町で1件、面積では約2ha、安積で1件、面積では約7ha、福知で2件、面積では約3ha、生栖で10件、面積では約20haとなっている。最大の生栖における内訳は、1ha未満が4戸、1～2ha未満が3戸、2～3haが2戸、9ha未満が1戸(注2)となっている。

これを表8‐3の「施業経営体形態」と照合すると、千町は「森林組合・素材生産業者委託型」、安積は「森林組合委託型」、福知は「素材生産業者委託型」、生栖は「自伐林家委託型」である。したがって、一宮町の「経営計画」実施状況の分析から、「小規模所有森林」が集約化されているのは、10件の生栖の例が最多であることがわかる。これは「自伐林家委託型」である。そこで、以下では大規模「自伐」の経営に着目する。

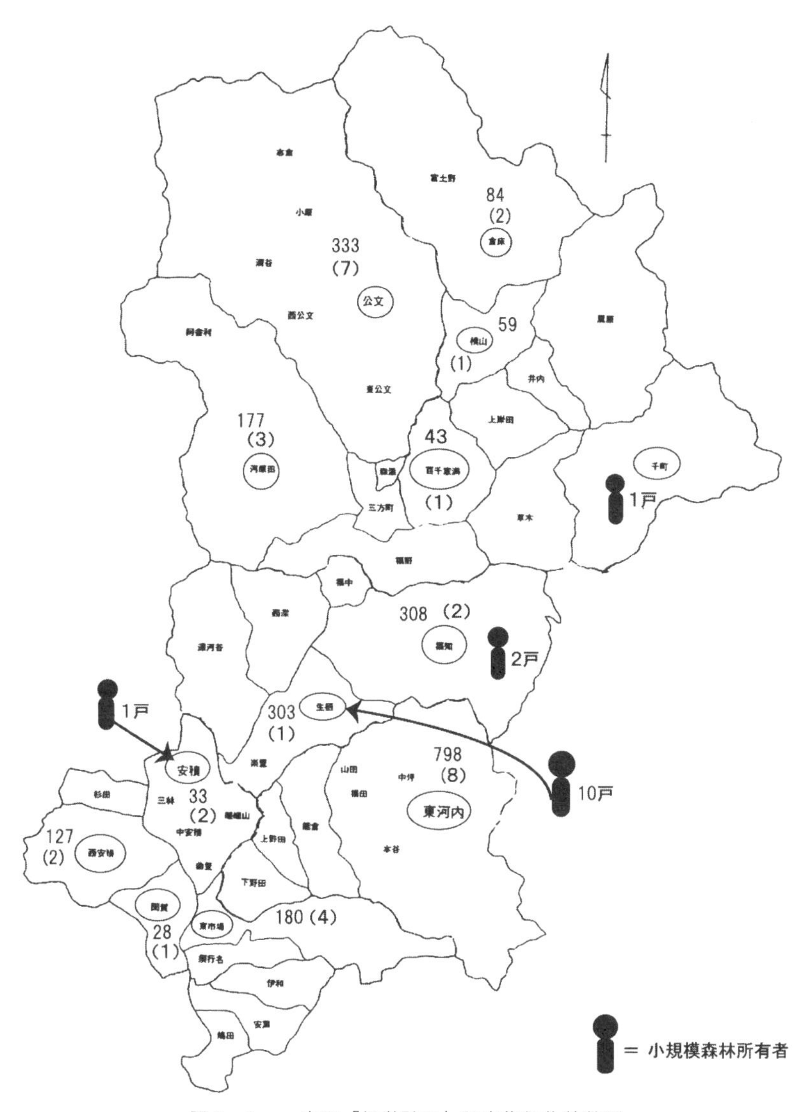

図8-3　一宮町「経営計画」認定集約化件数図

出所：宍粟市産業部、しそう森林組合資料提供（2016)、宍粟郡一宮町（2005）より筆者作成

注：数値は、経営計画認定面積を表示し、(　) 内数値は認定集約化のクラスター数を表す

4．大規模「自伐」経営の成立条件の分析

本節では、なぜ「自伐」が、条件不利下の「小規模所有森林」をより多く集約化できるのか、これは「自伐」の「経営の成立条件」が鍵を握っているのではないかという仮説を立て、この経営の中身を分析する。

（1）「効率化」保持のための経営面積拡大の過程

2012年から「自伐」は、2011年の「経営計画」の創設により、図8－4のように自己所有森林に隣接する「生栖生産森林組合」所有の145ha、地元の社団法人「生栖報徳社」所有の69ha、及び小規模森林所有者10戸との合意形成を構築し、これに市有林も加え、合計339haを「低コスト林業経営団地化」した（第Ⅶ章2節2項に既述のとおり）。その内303haを対象に「経営計画」が認定された。この過程で、当該2団体などの施業・管理・運営を100％専属で受託している。なぜなら自己所有森林は、既に2012年頃には一通り「間伐」は終わっている。つまり当森林では、利用間伐適齢伐期9齢級（樹齢45年）以上の森林面積は約75haあり、2005年をスタート時点として年間12haを施業すると、6年でほぼ完了していることになる。したがって、高性能林業機械を無駄なく回転させるためには、新たな施業対象森林を探す必要が生じるため、これによる団地化である。

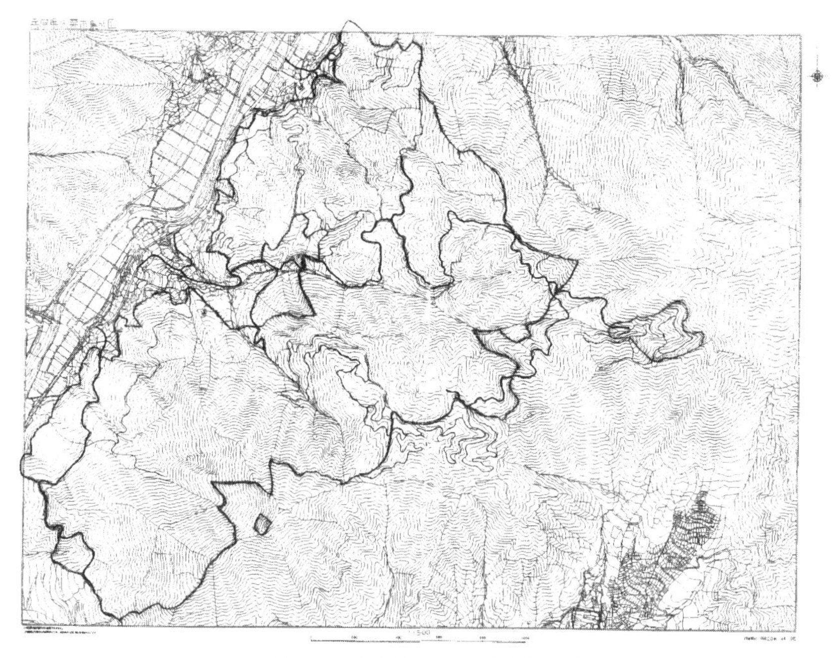

図8－4　生栖低コスト経営団地図
出所：生栖生産森林組合提供資料（2016）より筆者作成

（2）経営の成立条件としての安定的収入の確保―施業収支のシミュレーションによる分析

次に、シミュレーションにより大規模「自伐」の経営状況を試算する。表8－4、［2］の受託施業の場合は、委託者に間伐材売上収入の30％を支払うことになるため、売上配分は（i）968万円で、［1］の〈1〉は間伐材の売上が、1382万円となるのと比較すると減少している。また、〈5〉のC材のチップ収入は275万円になるのに対して、［2］（v）が192万円となるように減少する。受領する補助金額は同額となり、生産経費は同様に1360万円となるため、差し引き計算すると、他者所有森林の受託施業の合計収入は（vi）の895万円となる。これは、ほぼ安定的収入といえる。

さらに、収益性を「労働」の要素からみると、表8－4の〈3〉、及び

（iii）の経費は、雇用労働力による「経営体」との比較において、家族労働の場合は人件費、労災掛金などを低く抑えることができるため、収益性は相対的に高いと推測する。

表8－4　自伐による「自己」及び「受託」施業の収支シミュレーション

［1］自己所有地施業の場合

2015年度搬出材積、及びその条件
「経営計画」を樹立し、合計1455m³搬出したとする
1455m³（14.5ha）とする、路網密度110m／haだから作業道を1595m設置したとする
間伐標準単価は、宍粟市内素材業社の査定を用いる、全て年額表示の概算

林　業　収　支　概　算（円）			
A・B材間伐材売上	〈1〉	1382万	木材市場価格が9000～10000円/m³であるため平均値を取る
補助金額	〈2〉	1096万	作業道、及び搬出間伐（車両系90～100m³/ha）摘要、直接支払補助金額
A・B材間伐経費	〈3〉	1360万	人件費＋機械償却費＋燃料費＋運搬費＋労災掛金等＋トラック運賃（9350円／m³×1455）
差引残額	〈4〉	1118万	〈1〉＋〈2〉－〈3〉
間伐収支/ha		77万	〈4〉/14.5
補助金なしの場合/ha		1万5000	
C材チップ収入	〈5〉	275万	380tチップ工場へ出荷、6700円/t×380＋消費税
C材経費		0	A・B材経費に含まれるため、軽微で0とする
合計収支	〈6〉	1393万	〈4〉＋〈5〉
合計収支/ha		96万	〈6〉/14.5
補助金なしの場合/ha		20万	（〈1〉－〈3〉＋〈5〉）/14.5

［2］受託施業の場合

2015年度搬出材積、及びその条件
「経営計画」を樹立し、1455 m^3 を他者保有林からの受託により搬出したとする
この場合、木材売上とC材売上合計の30％を保有者に支払う約束になっている
1455 m^3（14.5ha）とする。路網密度110m／haだから作業道を1595m設置したとする
間伐標準単価は、宍粟市内素材業社の査定を用いる、全て年額表示の概算

林　業　収　支　概　算（円）			
A・B材間伐材売上		1382万	木材市場価格が9000円/m^3～10000円/m^3であるため平均値を取る
K売上配分	（i）	968万	木材売上額の70％（9500円/m^3×1455×0.7）
補助金額	（ii）	1096万	作業道、及び搬出間伐（車両系90～100 m^3/ha）摘要、直接支払補助金額
A・B材間伐経費	（iii）	1360万	人件費＋機械償却費＋燃料費＋運搬費＋労災掛金等＋トラック運賃（9350円/m^3×1455）
差引残額	（iv）	703万	①＋②－③
間伐収支/ha		48万	④/14.5
補助金なしの場合/ha		▲27万	
C材チップ収入		192万	380t チップ工場へ出荷、（6700円/t ×380＋消費税）×0.7
C材経費		0	A・B材経費に含まれるため、軽微で0とする
C材収入	（v）	192万	
合計収支	（vi）	895万	④＋⑤
合計収支／ha		62万	⑥/14.50
補助金なしの場合/ha		▲14万	（①－③＋⑤）/14.5

出所：生栖の自伐林家、一宮町の素材生産業社提供資料（2016）より筆者作成

（3）隣接する「生産森林組合」との団地化による人工林整備の促進

次に、生栖生産森林組合にとって、大規模「自伐」との協働による「団地化」が、人工林整備促進にどのような効果をもたらしているのかを分析する。

「生栖生産森林組合」の組織の概要は、1975年に「入会林野整備特別措置法」により「旧慣使用林野」を「生産森林組合」としたもので、組合員数は71人となっている。かつては入札による皆伐、出役による再造林により経営を行っていた。近年は木材価格の低迷による収入の低下、及びシカの食害が著しく防御コストが高額となるなどの原因により、再造林が不可能に近くなっている。その上、組合員の高齢化が進み（生栖地区の人口は、77世帯269人、その内65才以上が87人）、若年層・壮年層が森林に興味を示さない山離れが深刻となっている。したがって、高齢化に伴い、地区外転出による組合脱退者が毎年のように出現し、この払戻金の支払い問題に苦慮している状況であった。

ここで、大規模「自伐」が経営面積拡大のために施業受託すること、すなわち、大規模「自伐」が経営の成立条件を満たすために、隣接の他者所有大規模森林に施業受託を働きかけたことが、人工林整備を促進する結果となった。路網整備が促進され「間伐」が進んだのである。その実績は表8-5のとおりで、2013年には作業道開設距離840m、販売材積量895 m^3、及び売上高は約708万円と大幅に増加し、2015年にはこれらがさらに増加し、作業道開設距離は1700mとなっている。

表8-5　生栖生産森林組合の施業実績

年度	作業道開設（m）	搬出間伐面積（ha）	搬出材積（m^3）	販売材積（m^3）	売上高（円）	組合の概算収入額（円）
2012年	—	—	340	282	195万1362	59万
2013年	840	7.16	895	893	708万3053	212万5000
2014年	400	4.90	610	584	515万1135	155万
2015年	1700	7.03	1079	1078	1019万3239	276万

出所：生栖生産森林組合（2014）「兵庫県林業経営コンクール参加申込書」、及び「最近3カ年の施業実績」（2016）より筆者作成

注：—は統計がないことを表す

(4)「自伐」における3世代承継の動向

他方、「自伐」においては、持続的林業経営に欠かせない後継者の世代承継が、比較的スムーズに行われていることも経営成立の一因として挙げられる。その背景を第三世代の承継者である20～30才代の若者に焦点を当て分析する。

事例地においては、30才代の女性林業家が冷暖房完備の操縦席でハーベスタを操作している。家族3人がそれぞれ異なる役割を担いながら、呼吸が合い、黙々と作業が進んでいく。女性林業家にとって、自宅の裏山が作業現場であることは、便利であり効率的でもあり好立地という。林業の魅力は、山の中の仕事であるため暑さ寒さは厳しいが、四季の移り変わりを感じながら自然の中で働けることは、都会では味わえない喜びがあるとしている。さらに、道のない山に作業道が開通し、手入れされていない森林が「間伐」によって明るい森になったときの達成感にやりがいを感じている。その上、山の仕事は当分なくならないという安心感があるという[注3]。このような若者の承継は、林業の仕事に対する新たな視点、すなわち、前述の堺（2003）のいう「働き方の自由度」や「雇用、非雇用の関係がないフラットな結びつき」が誘因している可能性があるのではないだろうか。

5．林地売買による集約化の課題

ここで、なぜ森林所有にもとづく「経営体」が、「林地の集約化」を行うに当たり、林地の売買による「集約化」ではなく、他者所有森林の施業受託によるのか、これについて考察する。まず、林地と比較するために農地における土地集約化の手法を概観する。次に、林地における売買による「集約化」の現状と課題を整理する。

(1)「農地法」による強い規制の時期

戦後（1952年）定められた「農地法」は、農地（以下、採草放牧地を含む）は、「自作農」を最適であるとし、耕作者の農地の取得を促進し、その権利を保護し、耕作者が安定的に農業生産に従事することにより、農業生産性の増大を図ることを目的としていた。

その結果、農地の権利移動に対しては、厳しい制限がかけられた。それは、所有権、地上権、永小作権、質権、使用貸借、賃借権を含むあらゆる使用、及び収益を目的とする権利設定、及び移動は、監視機関である「農業委員会」の許可を必要としたことである。

また、法人が農業経営に参入するに当たっては、その役員等の過半数が、その農作業などに、一定の日数以上従事することを条件としていたため、実質的には法人の参加は不可能に近いものであった。さらに農地の「貸借」に関しては、契約期間の更新は、所有者側に対する制約が厳しく、借主の「耕作権」が保護される傾向が強かった(注4)。

(2) 保護政策から自由市場性導入への転換期の農業経営

1995年に発足した世界貿易機関（「WTO」）体制は、日本のこれまでの政府による米の生産、流通に対する関与が大幅に縮小されるなど、大々的な改革を強いたとしている（横山［2008］）。次いで、「主要食糧の需給及び価格の安定に関する法律」の施行により、これ以降米価は下落し続けている（田畑［2008］）。さらに、1999年には、戦後の「農業基本法」の抜本的な改定が行われ、これに続く2002年の「米政策改革大綱」、2004年の「改正食糧法」は一貫して農業保護の撤廃、すなわち、市場原理の導入と「効率化・安定経営」への施業の集中・重点化を目指したものである（横山［2008］）。以降、農業経営における一定の規模の確保、及び施業の集約化、すなわち、農地利用の集約化が次の課題となってくる。

(3) 農産物価格と田の価格の下落

以上の農業政策による保護政策の撤廃は、田畑（2008）によると、米を除く農産物の輸入増大へと進み、農産物価格は1980年代後半以降、横這いから低下傾向となり、国内の農業総産出額は1990年代以降、減少の一途をたどっている。これに伴い、不動産としての田の価格も1990年の約117万3000円（普通品等、10a当たり）を頂点として、2000年は約106万9000円、2016年は約73万9000円と下落している（図8－5を参照のこと）。

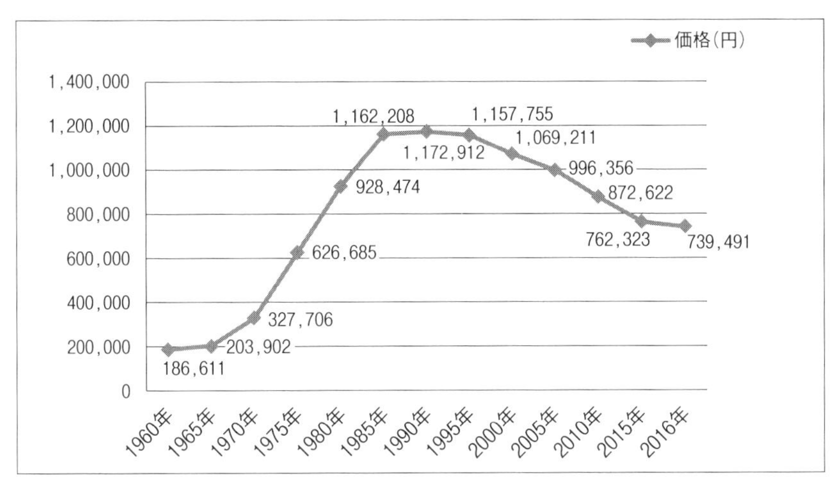

図8－5　田の全国平均価格の推移（普通品など、10a 当たり）
出所：日本不動産研究所（2016）より筆者作成

（4）2009 年の農地法改正による利用形態の変化

その後続く農業総産出額の低下と、高齢化による担い手不足などへの対策として政府は、2009 年にこれまでの「農地法」を大幅に緩和した。その要は、リース方式（「賃貸借」）であれば、株式会社、NPO 法人などの一般法人が全国どこでも参入が可能となり、リース期間も 20 年から 50 年に延長したことである。その結果、2010 年以降、農業への一般法人の参入は大幅に増加し続け、2010 年末の 364 件から 2015 年末には 2039 件に及んでいる。また、法人による参入が、「賃貸借」による農地の利用と条件化されているところから、貸借農地の面積もこれに伴って右肩上がりに増え続け、2010 年の 750 ha が 2015 年には 5177 ha となっている。

以上から、農業における経営面積の拡大すなわち、耕地面積の集約化は、「農地法」改正による規制緩和が促した一般法人の農業参入に起因する、「賃貸借」によるものが主であると考えられる。それでは、林地はどのような状況にあるのか、次の項でみていこう。

（５）林地における売買による集約化の課題

林地は、1964 年の木材輸入の完全自由化をきっかけとして以降、木材価格が 1980 年をピークに下落し、1990 年に再び上昇のピークがあったが、その後は現在に至るまで下落が続いている。このように木材価格の下落が著しい(注５)状況下では、地代すなわち、利益が生み出せない「土地（森林）所有」の意義が問われることになる。三木（2011）は、森林の不動産としての経済的価値の下落に関して、国内の木材生産量は、2002 年を底として上昇に転じているにもかかわらず、生産額は増えないという林業不況がある。本来、土地所有には土地の継続的利用を望み、また資本の活動に地代を要求する力があるはずであるが、その力は機能していないのではないか。人工林における過去の資本・労働投下が正当に評価されていないことは、土地所有の力の弱まり、林野所有の空洞化であるとしている。

また、林地の収益価格が林地価格形成の理論的根拠であるとする、建部（1997）の土地価格形成理論によると林地の価格は、以下の式によって形成される。

$$\text{（a）林地の収益価格（10a 当たり）} = \frac{\text{年間の地代合計}}{(1+y)^{u}-1}$$

（ｙは標準的な林業利回り、ｕは、立木の標準伐期齢をいう）
となる。但し、地代の把握が困難な場合は、次の式で求めることができるとしている。

$$\text{（b）林地価格（10a 当たり）} = \frac{\text{（主伐収入＋間伐収入の後価合計－造林費の後価合計）}}{[(1+y)^{u}-1]-\text{管理費資本}}$$

となる。ここでいう、造林費の後価（こうか）合計とは、地拵（じごしらえ）費・苗代代・植え付け費・補植費、及び下刈り費の合計であり、管理費資本とは、毎年の平均的な管理費（見回り費・火災保険料・固定資産税等）をｙで資本還元した額である。

間伐中心の林業生産の現状では、概ね木材売上額は、生産経費（上記の造林費の後価（こうか）合計である、地拵費・苗代代・植え付け費・補植費、及び下刈り費の後価合計）とほぼ同額になるため、利益は生み出されない。

したがって、この理論によっても、森林の不動産としての価格は成り立ち難いといえる。

さらに、松岡（2011）は、2010年の用材（製材用、パルプ用、チップ用、合板用などとして利用される木材）[注6]林地の山林素地価格（林地として利用する場合の森林の売買価格のこと、通常は10a当たりの樹木が生育していない素地価格が取り引きの対象となる）[注7]は、対前年で3.5％下落しているが、立木価格（林地に生育している樹木（立木）の値段のこと、通常は、市場で販売される木材価格から素材生産費や輸送経費などのコストを差し引いた「逆算価格」を立木価格としている）[注8]は、スギ・ヒノキの場合は上昇している。これは、木材価格の上昇に対して、林地価格が上昇していない市場構造になっているとし、木材価格の長期低迷を背景に、森林所有者の林業経営に対する意欲の減退、将来的な見通しの不安や後継者問題などの構造的な原因によって、林地価格の下落が続いていると論じている。

したがって、一般的な不動産に多くの例をみる「土地売買」による所有権移転を伴う「林地の集約化」は、現状では市場価格が成り立ち難く、売買の成立が困難な状況にあると考えられる。すなわち、造林から始まり、育林を経て皆伐により収益を生み出す生産過程を前提とした森林の売買による「集約化」、これによる「大規模化」は、現実性に欠けると考えられる。森林売買よりもむしろ、短期的な「施業・管理受委託契約」による「経営面積の拡大」が、「林地集約化」を容易にしていると考えられるのである。

以下では、この問題を「小規模所有森林」に焦点を絞り考察を進める。

（6）林地売買による「小規模所有森林」集約化の課題

事例地における「小規模所有森林」の売買の現状を分析すると、売買価格については、現時点（2016年）では、20万～30万円/ha、10a当たり、2～3万円なら、妥当な価格として買い取りも可能であるという（現地ヒヤリングによる）。

一方、兵庫県における平均的な山林素地の直近の価格は、約40万円/ha、4万円/10a[注9]といわれている。買主側にとっては、当該森林の「施業」は概略すると、経費と木材売上額が相殺され、補助金収入しか見込めない状況がある。その上、買い取りには多くのリスクが伴うため上記の価格提示となる。ところが、売主側にとっては、これまでの投資額をわずかでも回収しようとする意思が働き、結果的に売主、買主双方の合意が得られず、売買は成立しがたい現状となっている。

以上は、大規模「自伐」を対象にその「経営の成立条件」をみてきたが、次に中規模「自伐」を対象として「経営の成立条件」を分析する。

6．自治体との協働による中規模「自伐」経営の成立条件の分析

（1）自治体による地域林業「担い手」確保の施策

智頭町では、近年は木材価格の低下や獣害被害、及び林家の高齢化により所有者の森林への関心が希薄になっている。その上、これらによる不在村地主の増加や「担い手」不足の問題も抱えている。

一方、町内の林業は、2011年の「経営計画」開始から3年が経過し、この樹立が、森林組合などの働きにより急激に進んだ。2012〜2014年の間に、樹立済み「経営計画」にもとづく間伐計画面積は、2064haとなったが、間伐実施面積は、わずか292haにすぎなかった。間伐計画面積に対する間伐実施面積、すなわち進捗率は、わずか約14％であり、2012年度作成計画団地のうち9団地が間伐未実施という状況であった(注10)。そこで、確実な間伐実施のためには、これを実行、及び施業監理する「経営体」が必要となっていた。

そこで智頭町は、「智頭町森林バンク（第三セクター法人）」を設立した。この目的は、1には、放置森林の整備であり、2には、若手自伐林家、及び農林業を志す移住者に森林を所有していなくても林業に取り組めるようにする、3には、現在の「担い手」と後継者の技術向上のためのフィールドを確保することにある。

その内容は、森林所有者の今後の経営に関する意向を把握し、立木提供の協定締結を行う。または、その森林の一元管理希望を受理登録する。さらに、境界確認や森林調査などの実施希望の登録を行うとなっている。

これらの登録者である立木提供者には、謝礼として1万円/0.1haを支払

い、境界確認登録者には、1回につき5000円を支払う仕組みになっている。これらに必要な自治体事業の費用は、国の交付金対象事業を当てている。例えば、2015年度補正予算による「地方創生加速化交付金の対象事業」では、鳥取県智頭町に対して「智頭町版自伐林家養成事業」として2350万円が、交付予定額として挙げられている(注11)。

（2）「自伐」にとっての経営安定化のための「施業面積の拡大」

中規模「自伐」にとって施業地の確保は、林業経営の成立条件として不可欠である。つまり他者から委託された個人有林、及び「財産区有林」などの間伐や作業道造りを行うことで、受託施業による経営面積の拡大が可能となり、安定的な収入が得られることになり、結果的に林業経営が成り立っている。また、借り入れた町有林は、作業道開設と間伐施業による木材生産目的による利用はいうまでもなく、林業施業技術向上のためのフィールドとしても利用されている。

（3）智頭町における路網整備の進捗状況

以上の事業による中規模「自伐」と、地域自治体との協働による人工林整備の効果を、智頭町における近年の林道、作業道などを合計した路網密度からみてみる。表8-6のように2009～2015年度間の作業道開設量は増加が続き、2015年までの累計では、18万6030mとなっている。これを智頭町の総民有林面積（2015年）の1万7336haで除すと、作業道密度は、ha当たり約10.73mとなる。同じく2015年度の林内道路密度は、ha当たり13.5m(注12)であるから、合計林内路網密度は、24.23m/haとなり、日本の平均路網密度（2013年）である20m/haを超えている。

表８－６　智頭町における作業道開設量の推移

年度	2009	2010	2011	2012	2013	2014	2015	累計	作業道密度
路線数	37	50	30	52	54	62	101	386	10.73 (m/ha)
延長（m）	1万9478	2万8623	1万4916	2万8142	2万1916	3万1209	4万1746	18万6030	

出所：「鳥取県林業統計」（2015）より筆者作成
注：作業道密度は累計を民有林面積17,336haで除した値

７．大規模「自伐」における「経営の成立条件」が人工林整備促進に効果を与える要素のモデル化

（１）「経営の成立条件」の定義

本稿でいう「自伐」の「経営の成立条件」とは、安定的な収入が継続的に確保できることと定義する。

「自伐」が大規模であるゆえに「機械化」により「効率化」が促進されると、自己所有森林の間伐施業が、他より早期に完了しているため、機械を有効利用するためには、次の新たな施業対象森林を探す必要性が生じる。すなわち、「経営面積の拡大」を図らなければならない。これが他者所有森林の施業受託の形態を取りやすいのは、前述の森林の売買による「集約化」が困難であることと、現在の「経営計画」のもとでは、補助金制度が「所有者」にではなく、「経営計画」樹立者すなわち「受託者」に直接支払いされることに改正され、「受託者」に収益分配のイニシアティブが移ったことの影響と考えられる。

これに対し小堂（2013）の「オーナー条件」として、「オーナーの所有権は守られる」という観点を取り込むと、「小規模所有森林」において、土地所有権へのこだわりが、森林の面的「集約化」を阻んでいる場合に、効率的な施業を行うためには、有効な手段と成り得ると考えられる。したがって、「経営の成立条件」は、「機械化」による「効率化」であり、これを保持するための「経営面積の拡大」である。

（2）「経営面積の拡大」による林地集約化の要素

人工林整備には、「小規模所有森林」の「集約化」が必要である。そこで、「小規模所有森林」の「集約化」の可能性を事例により検証した。すると、一宮町の「森林経営計画認定実施状況」の分析から、「小規模所有森林」が「集約化」されているのは、10件の生栖の例が最多であることがわかった。これは「認定事業体形態」が、「自伐林家委託型」であり、大規模「自伐」が、自己の森林所有にもとづき「経営面積の拡大」を図った型である。すなわち、「林地の集約化」には、大規模「自伐」の経営の成立条件が鍵となる。その条件を検討すると、「機械化」による「効率化」であり、これを維持するための「経営面積の拡大」である。

この「集約化」を農地におけるそれと比較すると、農地法による規制が依然として強い農地においては、農業法人の賃貸借によるものが増加している。これに対して、林地では農地のような規制はないため、このような「賃貸借」はあまりみられない。一方林地では、売買が成り立ち難い市場構造があり、売買による集約化は成立し難い。したがって「自伐」にとっての林地集約は、大部分は政策による補助金制度を利用した施業受託による「林地集約化」である。

また大規模「自伐」の場合、3世代の承継が成り立っているが、その背景には、近年の若年層におけるＩターン、Ｕターンなどによる林業就業者増加の傾向、及び「機械化」による3Kからの脱却が、女性の林業参加を可能にしていることがある。これらが、持続的林業経営に欠かせない後継者の存続の可能性を高めていると考えられる。換言すると、大規模「自伐」においては、3世代承継が成り立ち、「担い手」育成が行われているところから持続的林業経営への兆しがみられる。

（3）自己所有地の資産価値上昇を目的とする「小規模所有森林」集約化の要素

「小規模所有森林」の地理的立地条件を検討すると、谷合の川沿いに位置する場合が相対的に多い。そのため林道から離れている、農地と隣接しているなど、作業道の設置が困難な条件不利を有し、間伐施業の採算性に欠けることから路網整備が進み難い現状にある。

「経営計画」の進捗状況を分析すると、短期的な利用間伐施業の受委託により、「林地の集約化」が推進されているが、「小規模所有森林」の「集約化」に焦点を当てると、大規模「自伐」による施業受託が、最も多くこれらを「集約化」している。

この原因を、他の２つの「認定事業体形態」との相違点から検討すると、他の２つが原則、森林を所有しないのに対して、「自伐」は森林所有を前提として成り立っているところにある。

換言すると、受託施業による木材売上額などの還元は、大規模森林所有者に対しては可能であるが、「小規模所有森林」の場合は、それゆえに経費が嵩み赤字になる場合もある。しかし、この場合でも所有者に赤字分の費用請求は行わない、わずかな持ち出しであれば、受託者が費用負担をし、「施業」することがある。それは大規模「自伐」にとって、小規模であっても、自己所有地に隣接した森林で、自己所有不動産（森林）の資産価値の上昇が見込まれる場合は、わずかな赤字であれば、「施業」することにメリットがあるためと考えられる。例えば、自己所有地から作業道を造ることが可能であり、また、これにより自己所有地の「施業」もしやすくなる。あるいは、手入れ不足の隣接森林を「間伐」することによって、自己所有森林の日照など自然条件が良くなる、などが挙げられる。これらは、他の２つの「認定事業体」にとってはメリットがほとんどない、「所有不動産の資産価値の上昇」を目的とした経営面積の拡大であるところに他との相違がある。

したがって、大規模「自伐」が、他者所有森林の施業・管理の受託を行うことによって、第一段階として実質的な経営面積の拡大がある。第二段階として、これまでの施業・管理の委託者から依頼を受けて買い取り、登記上の所有権移転へと進むこともあり得る。これらの過程で、自己所有地の資産価値の増大が見込まれるときは、「小規模所有森林」の「集約化」が行われる可能性がある。

（４）自治体と「自伐」の協働による要素

中規模「自伐」にとっては、自治体に登録された不在村人工林、または放置人工林の整備すなわち、作業道開設と間伐実施、これに伴う境界確認、及び立木調査を実施することは、経営する森林面積の拡大となる。つまり、ロットの確保が可能になり、各種補助金の受領、及び立木販売収入を得ることができることは、安定的収入の源泉となり経営が安定する。

一方、自治体にとっては、これらの「自伐」に対する経済的自立への支援を行うことは、地域林業の「担い手」の育成であり、またこれを志す移住者の育成を促すことになる。その結果、人工林整備が促進される。さらに、人口減少を止めるために迎え入れた移住者の定住を促進する。

（5）自伐林家機能モデル

大規模「自伐」は、「機械化」による「効率化」を保持するために施業受託により「経営面積の拡大」を行う。この過程で、自己所有森林を核とした「林地集約化」が成り立ち、さらに、自己所有森林（不動産）の資産価値の上昇が見込まれる場合は、「小規模所有森林」の「集約化」を行う可能性がある。その結果、人工林整備が促進される。

これらは、大規模「自伐」において、広く適用が可能な要素であると考えられることから「自伐林家機能モデル」とする。

8．小括

1）雇用労働力による「経営体」との比較において、家族労働の場合は人件費、労災掛金などを低く抑えることができるため、収益性は相対的に高いと推測する。

2）「農地法」の改正により貸借を大幅に緩和した。リース方式（「賃貸借」）であれば、株式会社、NPO 法人などの一般法人が、全国どこでも参入が可能となり、リース期間も 20 年から 50 年に延長された。

3）林地価格の下落が続いているので、一般的な不動産に多くの例をみる「土地売買」による所有権移転を伴う「林地の集約化」は、現状では市場価格が成り立ち難く、売買の成立が困難な状況にあると考えられる。森林売買よりもむしろ、短期的な「施業・管理受委託契約」による「経営面積の拡大」が「林地集約化」を容易にしていると考えられる。

以上から、大規模「自伐」が、自己所有森林を核として、他者所有森林の施業受託による「林地集約化」を行うことが有望となる。

さらに自らの不動産の資産価値の上昇が見込まれる場合は、「小規模所有森林」における「集約化」も行う。結果的に、これらが、人工林整備促進の効果の要素となっていることから、これを「自伐林家機能モデル」とする。

〈注〉

（注１）現地ヒヤリングは、宍粟市産業部にて行った。

（注２）宍粟市林業振興課（2016）「宍粟市一宮町内　森林経営計画認定状況」、及びしそう森林組合（2016）「平成 25～30 年度　経営計画（造林事業）事業年度別定数量」による。

（注３）兵庫県広報誌（2015）『ニューひょうご』夏号による。

（注４）農地法第一章、総則による。農地所有合理化事業とは、離農農家や規模縮小農家等から農地を買い入れまたは借り入れ、規模拡大による経営の安定を図ろうとする農業者に対して、農地を効率的に利用できるよう調整した上で、農地の売渡しまたは貸付を行う事業。この事業を行う主体として位置づけられた法人が、「農地所有合理化法人」である。また、個人や法人が、農地を売買や貸借する場合には、「農業委員会」等の許可を受ける方法（農地法第３条）と、市町村が定める「農地利用集積計画」により権利を移動・設定する方法（農業経営基盤強化促進法）がある。「農地利用集積計画」による売買のメリットは、売買の結果、係る譲渡所得について、800 万円の控除を受けることができることである。貸借のメリットとしては、農地法第３条による許可が不要なことと、貸し手は、貸した農地について期限がくれば確実に返還されること、利用権の再設定をすれば、継続して貸し借りできることである。農林水産省 HP「農地保有合理化事業の概要」より。

（注５）農林水産省 HP（2017 年度）「木材需給報告書」「木材価格」より。

（注６）森林用語辞典（2008）林業 Wiki プロジェクトによる。

（注７）（注８）（注９）日本不動産研究所（2016）『山林素地及び山元立木価格調』による。

（注 10）鳥取県 HP「鳥取県東部農林事務所八頭事務所」「智頭林業活性化に向

けての対策」による。

（注 11）内閣官房・内閣府総合サイト「地方創生」による。

（注 12）鳥取県 HP（2015 年度）「鳥取県林業統計」による。

第Ⅸ章

2つのシステム化への考察

1．規模の経済の観点による検証

3つのモデルの事業メカニズムを「規模の経済」の観点から分析するため「費用曲線分析」を行うと、表9－1、及び図9－1になる。

表中の❺の生産経費38万円、生産量47 m^3 の西粟倉村の事業、及び❻生産経費266万円、生産量233 m^3 の日吉町森林組合の事業、❷の生産経費862万円、生産量841 m^3 の株山（出石）の事業、❸生産経費1583万円、生産量1819 m^3 の株山（墨山）の事業、❹生産経費1360万円、生産量1455 m^3 の生栖生産森林組合の事業、❶生産経費6541万円、生産量4008 m^3 東河内生産森林組合の事業において、費用曲線は、中間領域では「逆S字型」カーブを描いており、「規模の経済」が成り立っている。

したがって、3つのモデルの事業メカニズムにおいては、「規模の経済」の理論が機能していると考えられる。

表9－1　各事例地の生産量と生産経費

番号	施業年度	事例名	生産量（m^3）	生産経費（万円）
❶	2014	東河内生産森林組合	4008	6541
❷	2013	株山（出石）	841	862
❸	2014	株山（墨山）	1819	1583
❹	2015	生栖生産森林組合	1455	1360
❺	2011	西粟倉村	47	38
❻	2011	日吉町森林組合	233	266

出所：美作森林組合西粟倉事業所（2011）、日吉町森林組合（2011）、株山共有林（2013、2014）、東河内生産森林組合（2014）、生栖生産森林組合（2016）、提供資料より筆者作成

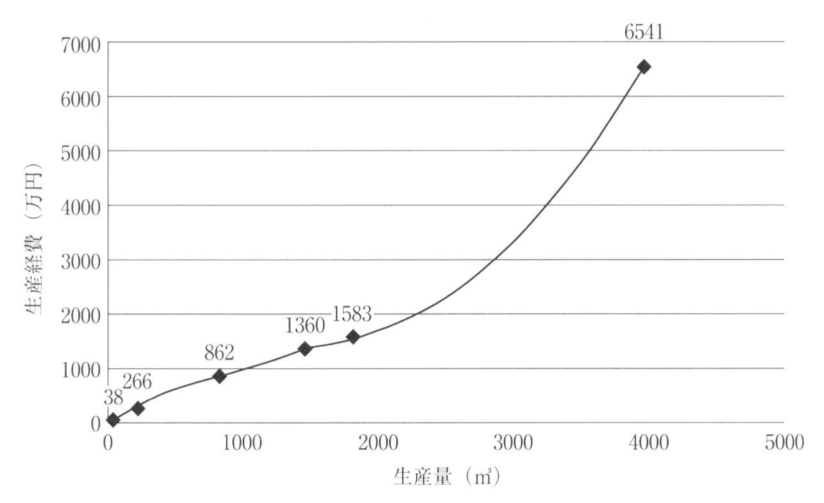

図9－1　生産経費と生産量の相関性

出所：美作森林組合西粟倉事業所（2011）、日吉町森林組合（2011）、株山共有林（2013、2014）、東河内生産森林組合（2014）、生栖生産森林組合（2016）提供資料より筆者作成

2.「所有と利用の分離」を裏付ける政策的根拠について

（1）森林・林業再生プランによる発案

2009年に当時の民主党政権が、新たな森林・林業政策の基本的考え方として「森林・林業再生プラン」を打ち出した。この基本認識は、日本における人工林資源が成熟期を迎えているにもかかわらず、林業は生産性が低く、路網整備や「施業の集約化」が遅れている。その一方で、世界的には外材輸入の先行きが不透明となっている。このような状況を踏まえ、路網整備、「施業の集約化」、及び人材育成を軸として日本の森林・林業を早急に再生するための指針とするところにある。

（2）森林・林業基本計画の変更

2011年改正の「森林・林業基本計画」では、上記の「森林・林業再生プラン」の政策の推進を掲げた。その中身は、これまでの「森林施業計画」制度を見直し、効率的かつ安定的な林業経営の育成を目指すところから「森林経営計画」制度に改めた。これによると森林所有者は、自ら施業・管理を行わない場合は、森林の経営を意欲ある「経営体」に施業・管理を委託することを勧めている。すなわち、「所有と利用の分離」を勧めていると考えられる。

（3）森林法による「森林経営計画」の法制化

政府は、2011年5月「森林・林業再生プラン」を法制面で具体化する必要性から「森林法」の一部を改正した。その第6に「森林所有者が作成する森林施業計画の見直し」を盛り込んでいる。

具体的には、1に（第11条第1項から第3項まで関係）森林所有者、又は森林所有者から森林の経営の委託を受けたもの（これを森林経営計画「認定請求者」としている）が計画を作成し、新たに森林の保護に関する事項を記載しなければならないこととする。これと共に、森林の経営の受託などによる経営規模の拡大目標を記載することができることとし、計画の名称を「森林経営計画」とすること、と謳っている。

2に（第11条第5項関係）計画の認定要件として、計画に森林の経営規模の拡大目標が記載されている場合には、周辺の森林の所有者の申し出に応じて計画を作成した者が、森林の経営の委託を受けることが確実であると見込まれることなど、森林の経営規模拡大が図られることが確実であると認められることを加えた。

換言すると、「経営計画」認定請求者が、森林経営の規模の拡大を行うことを前提に、所有者と同等の権限を与えられていることから、「所有と利用の分離」の法制化と考えられる。

（4）「森林経営委託契約書」にみる「所有と利用の分離」

「経営計画」にもとづく所有者と経営の委託を受ける者（受託者）との間で交わす「森林経営委託契約書」には、冒頭に、甲（所有者）が所有する森林の経営を目的として次の条項のとおり契約を締結すると記載されている。また、委託事項に関して、乙（受託者）は、「市町村人工林整備計画」等の特記事項に従い、次の事項を実施するものとするとして、立木の伐採、造林、保育その他の林業施業を実施することとしている。

さらに、「森林への立ち入り及び施設の利用等」では、乙は委託事項の実施のため必要があるときは、契約対象森林内に作業路網その他の施設を設置し、又は乙以外の者に設置させることができる。この場合において、乙は、当該設置された施設の維持管理を行うものとする。

ところが、「費用の負担」に関しては、契約対象森林について委託事項を実施するために要した費用は、甲が負担するものとする、となっている[注1]。以上の内容から考察すると、森林の「所有と利用の分離」は、森林の経営受託者（乙）による対象地に対する「投資」を前提としない、単なる施業請負受託ともいえる「所有と利用の分離」と考えられる。この点は、「分収林制度」による「所有と利用の分離」が、受託者による林業経営への投資を伴っていることと、大きく異なっていると考えられる。

（5）「経営計画」に係る費用負担に対する支援策

上述（3）に沿って「経営計画」の認定を受けた者を対象に、「間伐」などの「施業」と、これと一体となった作業道の整備、「施業の集約化」に対する支援策として「森林管理・環境保全直接支払制度」という補助金制度が設けられている。この概要については、以下のとおりとなっている。1には、「経営計画」の認定を受けた森林において、「間伐」などの「施業」と、これと一体化された作業道の整備に支援される「森林環境保全直接支援事業」がある。2には、「施業の集約化」に必要な諸活動に対する取り組みを重点的に支援する「施業集約化促進対策」がある。

これらと別に、「経営計画」の対象森林から伐採、生産された木材は、再生可能エネルギーの固定価格買取制度において、「一般木質バイオマス」、及び「建設資材廃棄物」と比べて、高い調達価格の区分が適用されている(注2)。いずれの支援も森林の所有にこだわらず、「集約化」し計画的な「施業」を行う者を支援、すなわち「経営計画」樹立者、または経営計画「認定請求者」を直接的に支援対象とするところが、この制度の特徴である。以上の政策的根拠により、「所有と利用の分離」が推進されていると考えられる。

（6）所有と利用の分離を図った「分収造林」制度における課題

ところで、森林の「所有と利用の分離」の概念は、1950年代の政策により多く適用されていた。それは、森林所有者以外の資金や経営力を用いて「施業」し、利益を各々分配する「分収林」制度において顕著である。これに関してはその後、多くの森林において、林業経営が不振に陥り、現在多くの課題が残されている。

それは、この制度における「所有と利用の分離」の推進は、所有者つまり所有権の「集約化」によるもので（北川［1986］）、森林の面的集約化によるものではなかったことによっている。

3．3つのモデルから2つのシステムへ

（1）「センター機能モデル」のシステム化

「センター機能モデル」は、「大規模木材加工施設」事業に代表される、大量かつ安定的に生産された木材を、公共支援による大規模木材加工施設に集

め、カスケード利用による付加価値の増大、及び流通の簡略化を成す。この結果、森林所有者への還元額が増大することにより、人工林整備が進む。

これを土地利用態様の視点からまとめると、森林所有者への還元額の多さを差別化し、地元の組合員が所有者と「林地集約化」のための合意形成を構築し、路網整備を促進する。

（2）「入会慣習機能モデル」のシステム化

「入会慣習機能モデル」については、「入会の現代的変容型林野」における林業経営は、2つの「入会の現代的変容型林野」と、市有林、個人有林の連携が成す経営面積の大規模化による「施業」の「効率化」、及び持続性である。

土地利用態様の視点からまとめると、「入会の現代的変容型林野」が代表的モデルであるが、「入会」の慣習により、所有より利用を優先し、土地の「面的まとまり」を保持する。これに「入会」の慣習を現代的に変容させた仕組みにより合意形成を構築し、路網整備を促進させる。

（3）自伐林家機能モデルのシステム化

「自伐林家機能モデル」は、大規模「自伐」における林業経営が代表的であるが、「機械化」による「効率化」を保持するための、自己所有地を核とする「施業受託」による経営面積の大規模化である。

土地利用態様の視点からまとめると、自己所有地を核とする隣接地への経営面積の拡大を図る「集約化」、及び自己所有地の資産価値の増大にもとづく「小規模所有森林」の「集約化」のための合意形成の構築による路網整備の促進である。

（4）3つのモデルから2つのシステムへ

以上の3つのモデルは、2つのシステムにまとめることができる。

①は、安定的大量供給による木材の高付加価値化、及び流通の簡略化による「規模の経済」を実現する「事業メカニズム」の構築である。②は、土地集約化のための、「所有と利用の分離」を促す「ソーシャル・キャピタル」

により路網整備を促進する「土地システム」の構築である。①のコアモデルは「大規模木材加工施設」における事業システムであり、②のコアモデルは「入会の現代的変容型林野」における土地システムである。

但し、ここでいう「ソーシャル・キャピタル」とは「社会関係性資本」のことで、これは小長谷（2008）のいう３つの要素からなる。１には、人と人との間に「ネットワーク」があること、２には、その「ネットワーク」には実質的な「信頼」があること、３には、その活動が持続的であるためには、参加者全員が何らかの利益を得て、WIN-WIN の関係が続けられる「互酬性」があることである。さらにこの種類を分類すると、（ⅰ）伝統的コミュニティなどの結束型、（ⅱ）コミュニティなどの集団間をつなぐ橋渡しの接合型、（ⅲ）行政など機能的に異なった団体をつなぐ連携型の３つの類型となる。本稿における「ソーシャル・キャピタル」は、人と人との間に「ネットワーク」があり、ここには「信頼」がある。そして、参加者全員が何らかの利益を得ていることによる「互酬性」があるため、持続的である可能性が高いと考えられる。種類は、（ⅰ）伝統的コミュニティの結束型といえよう。

以上から、「センター機能モデル」「入会慣習機能モデル」、及び「自伐林家機能モデル」の３つのモデルは、①木材の高付加価値化、流通の簡略化による「規模の経済」の実現にもとづく「事業メカニズム」の構築であり、②「林地集約化」のための、「所有と利用の分離」を促す「ソーシャル・キャピタル」による路網整備を促進する「土地システム」の構築、の２つのシステムとして、より一般化することができる（図９－２、表９－２を参照のこと）。

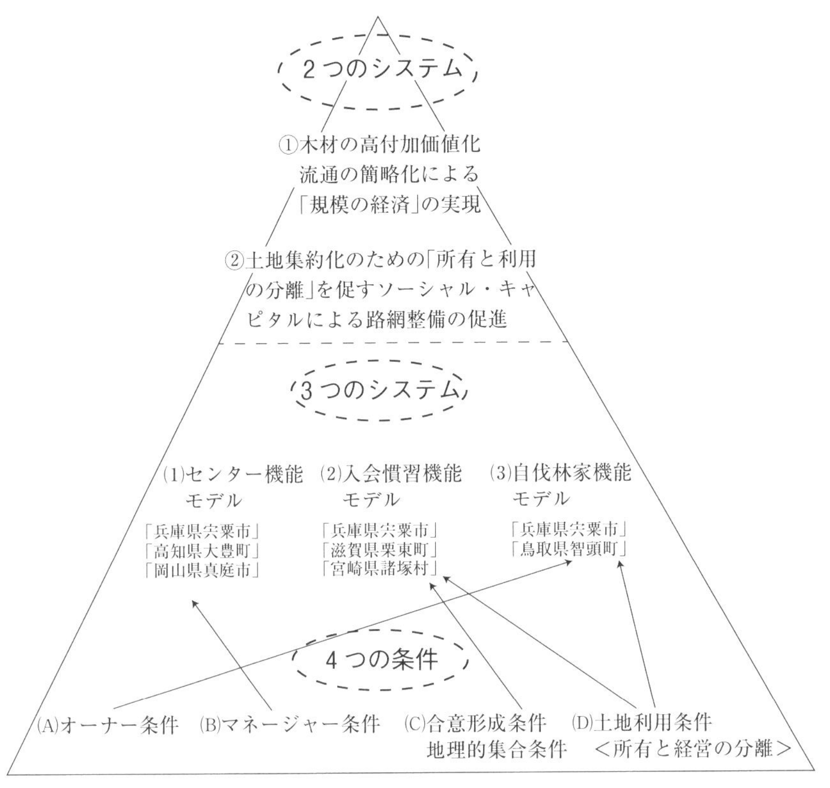

図９-２　理論構成図
出所：筆者作成

表9－2　3モデルから2システムの構築
①事業メカニズムの構築（大規模化による「規模の経済」の実現）
②土地システム（「所有と利用の分離」を促すソーシャル・キャピタルによる路網整備の促進）

モデル名	事例地	①事業メカニズム（大規模化が成す、木材の高付加価値化、流通の簡略化による「規模の経済」の実現）
(1)センター機能モデル	兵庫県宍粟市一宮町	大規模木材加工施設における安定的、かつ大量の木材のカスケード利用による付加価値の創造、及び流通の簡略化
	高知県大豊町	大規模木材加工施設における安定的、かつ大量の木材の加工による付加価値の創造
	岡山県真庭市	大規模集積施設の建設により、大量に集積された木材のバイオマスエネルギー利用による付加価値の増大
(2)入会慣習機能モデル	兵庫県宍粟市一宮町	「入会の現代的変容型林野」、市有林、個人有林との連携が成す、経営面積の大規模化による林業施業の効率化
	宮崎県諸塚（もろづか）村	自治体の施策による一体的な土地利用が成す林業経営の大規模化
	滋賀県栗東市金勝地区	分離した林野の合併による経営面積の拡大と、地元企業との協賛による資金調達が成す林業経営の大規模化
(3)自伐林家機能モデル	兵庫県宍粟市一宮町	自己所有地を核とした他者所有森林の施業受託による経営面積の大規模化
	鳥取県智頭町	他の所有者との協働による組織化及び、他者所有林の施業受託による経営面積の大規模化

出所：筆者作成

②土地システム（土地集約化のための「所有と利用の分離」を促すソーシャル・キャピタルによる路網整備の促進）
所有者への還元額の多さを差別化し、地元の組合員が所有者との合意形成を図り、「機械化」に即した土地集約化による路網整備の促進
県下の森林組合連合会が、合意形成を構築し、「機械化」に即した土地集約化による路網整備の促進
地元の木材産業を中心とする企業連携と、公共が合意形成を構築し、林地残材の集積を促す土地集約化による路網整備の促進
「入会」の慣習により、土地利用の優先、「面的まとまり」の保持を成し、これを現代的に変容させた「仕組み」により合意形成を構築し、路網整備を促進
「入会」の慣習を用い、土地所有権の村外移動を規制し、合意形成を得やすくすることによる土地集約化が、道路網整備を促進
「入会」の慣習により、土地利用を優先、「面的まとまり」を保持し、これを現代的に変容させた「仕組み」により合意形成を構築し、路網整備を促進
自己所有地を核とし、大規模隣接地、及び小規模所有地の集約化を図る合意形成の構築による路網整備の促進
自治体との協働による、地域林業の「担い手」としての「自伐」経営の安定化を図る合意形成の構築が、土地集約化を成し、路網整備を促進

4．小括

本章では、3つのモデルを2つのシステムにまとめた。まず「規模の経済」の観点による検証を行うために、3つのモデルの事業メカニズムを費用曲線分析すると、「規模の経済」が成り立っている。「所有と利用の分離」を裏付ける政策的根拠については、1には、「森林・林業再生プラン」による「施業の集約化」と路網整備の促進、2には、「森林法」による「経営計画」の制度化があり、これによって所有にかかわらず、「林地集約化」を行う主体の権限が強化された。3には、「経営計画」の推進策として、「経営計画」樹立者に対する費用負担の支援が挙げられる。

次に、3つのモデルすなわち、「センター機能モデル」「入会慣習機能モデル」、及び「自伐林家機能モデル」のシステム化を試みる。すると、①事業メカニズム（大規模化による「規模の経済」の実現）の構築であり、②土地システム「林地集約化」のための、「所有と利用の分離」を促す「ソーシャル・キャピタル」による路網整備の促進）の構築、という2つのシステムに集約することができる。

ここで、「所有と利用の分離」に関して、注意しなければならないことは、「集約化」は、森林の「面的まとまり」を基本とした「集約化」であることが不可欠であると考えられる。

〈注〉

（注1）林野庁 HP（2012 年度）「森林経営計画ガイドブック」「森林経営委託契約書（雛形案）」より。

（注2）林野庁 HP（2012 年度）「森林管理・環境保全直接支払制度」、及び（2014 年度）「森林経営計画制度」より。

第X章

結論

日本の森林環境の持続可能な保全のための人工林整備に必要なミクロな社会経済的条件は、以下の３つのモデルから、さらに２つのシステム（①事業メカニズムと②土地システム）にまとめることができる。

３つのモデルについて再掲する。

その１は、大規模木材加工施設建設が、木材の高付加価値化、及び木材流通の簡略化を成し、これによる森林所有者への利益還元の増大が、人工林整備促進に効果を与える「センター機能モデル」である。

その２は、「入会慣習」を現代的に変容させた仕組みが、土地の所有より「利用」を優先し、森林の面的まとまりを保持し、合意形成を容易にすることで路網整備を促す結果、人工林整備促進に効果を与える「入会慣習機能モデル」である。

その３は、大規模「自伐」が、経営の成立条件（すなわち、「機械化」による「効率化」であり、これを保持するために他者所有森林の施業受託を行うことによる「経営面積の大規模化」である）を満たす過程で、人工林整備促進に効果を与えることから「自伐林家機能モデル」とする。

①事業メカニズムの観点によると

１の「センター機能モデル」がコアモデルであり、大規模木材加工施設建設における、スケールメリットを活かした木材のカスケード利用、及び流通の簡略化による「規模の経済」の実現にもとづく「事業メカニズム」の構築といえる。

２の「入会慣習機能モデル」は、「入会の現代的変容型林野」が、他者所有森林と連携し、経営面積の大規模化による「規模の経済」を実現する。これにもとづく「事業メカニズム」の構築といえる。

3の「自伐林家機能モデル」は、大規模「自伐」が「機械化」による「効率化」を図り、これを保持するために他者所有森林の施業受託をすることによって「経営面積の大規模化」が進むことによる「規模の経済」の実現、これにもとづく「事業メカニズム」の構築といえる。

②土地システムの観点によると

1に関しては、「入会慣習機能モデル」がコアモデルであり、「入会」の慣習、及びこれを現代的に変容させることによる、所有より「利用」の優先、森林の「面的まとまり」の保持、及び合意形成の容易な関係が成り立っている。これらは「林地集約化」のための「所有と利用の分離」を促す「ソーシャル・キャピタル」が、路網整備を促進し、人工林整備を進める「土地システム」の構築である。

2の「センター機能モデル」は、地元の協同組合員による合意形成の構築が、「林地集約化」を容易にし、「所有と利用の分離」による路網整備を促し、人工林整備を促進する。

3の「自伐林家機能モデル」は、自己所有地を核とする隣接地への施業受託が、合意形成を構築し、小規模所有森林を含む「林地集約化」のための「所有と利用の分離」による路網整備の促進が人工林整備を進める。

したがって、3つのモデルは、①事業メカニズムとしては、「規模の経済」の実現であり、②土地システムとしては、「林地集約化」のための「所有と利用の分離」を促す「ソーシャル・キャピタル」による路網整備の促進という2つのシステムにまとめることができる。これら2つのシステムは、日本の人工林整備のための社会経済的条件を満たし、森林環境保全の持続性も満たしている可能性があると考える（図10-1を参照のこと）。

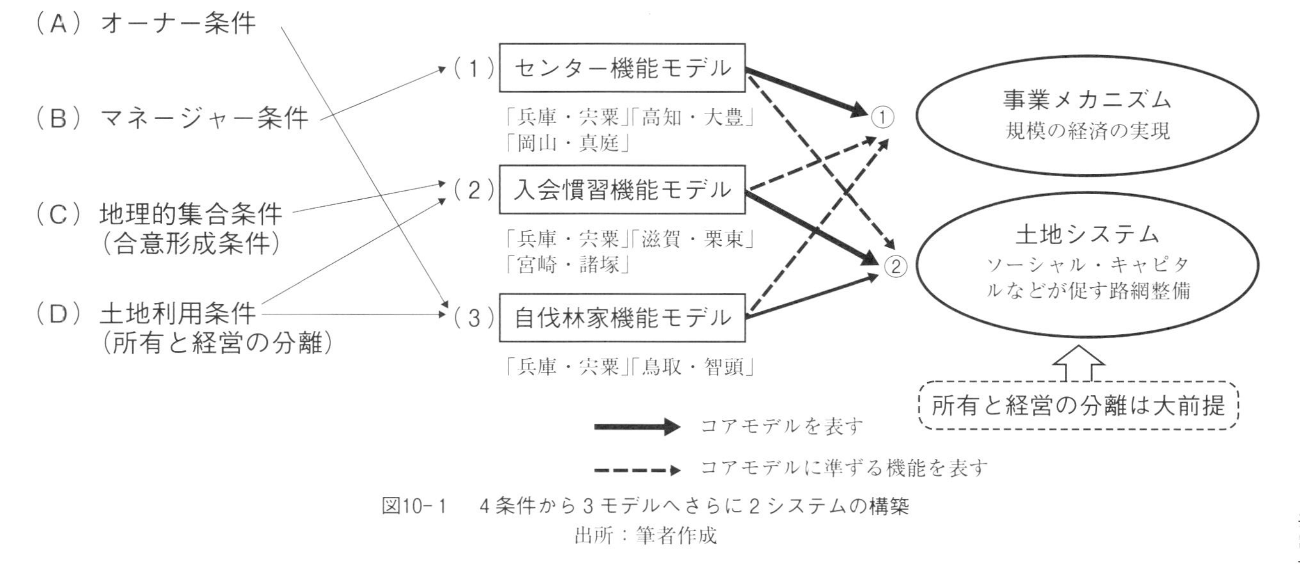

図10-1　4条件から3モデルへさらに2システムの構築
出所：筆者作成

これらの結論から以下の提言を行う。

本稿では、人工林整備に必要なミクロな社会経済的条件を２つのシステムとしてまとめたが、第一にこのシステムの１つである土地システムは、「路網整備」の促進が林業再生の鍵となっている。それゆえ、日本林業の再生には「路網整備」が不可欠であると考えられるが、この進捗状況に関する全国的に体系化された政府統計がないことは、最重要課題であると考える。

第二には、「土地システム」を構築する「入会慣習機能モデル」に代表される「入会林野」を起源とした林野の政策的位置付けに関して提言する。すなわち、明治政府以降の一貫した「入会林野」解体政策を見直し、林業再生のための新たな「入会林野」利用を推進すべきである。

第三には、大規模「自伐」は、率先して地域の効率的な林業経営を行う意欲を保持しているため、これらが「機械化」をはじめとする経営の「効率化」を図ることに対し、資金面での政策的支援を行うべきである。

おわりに

本稿では、森林環境保全の観点から、日本における人工林放置による森林環境の劣化に焦点を当てると、その根底には、日本林業の衰退が大きく関わっていることがわかった。そこで、その原因を探り再生への具体策を考察した。

これまでの研究では、林業地域再生条件を、1には「オーナー条件」、2には「マネージャー条件」、3には「地理的集合（合意形成）条件」、4には「土地利用条件」としてモデル化した。ところがこれらの条件を抽出した2つの事例地は、地元の意欲と結束力にめぐまれ、また、有能なリーダーシップによるところが多く、他の地域が、すぐにこれに追随できるかどうかは課題として残されている。そこで、これらの条件のより一般化を試みた。

はじめにでは、本研究の背景と目的、及び要旨を述べ、本稿の構成を概略した。

本研究の背景については、「人工林」の成立過程と、利用の仕方から調べることにより、人工林問題とはどのような問題であるのか、概略で現状把握を行った。これにより、日本における森林環境問題の多くが、「人工林」の放置に起因することがわかり、研究の目的を、日本林業の再生条件を探ることとした。

第Ⅰ章では、世界における天然林と、「人工林」の問題をみた。そして、日本の人工林問題について、より詳細に森林蓄積から調べ、次に、日本における「人工林」の特質を、分類論により地理的な配置から検討し、人工林問題が顕在化する都道府県を選出した。さらに、日本の林業政策の流れを整理し、現在の人工林政策の方向性を検討することにより、問題を提起した。

その結果、世界的な森林環境保全問題は、天然林の過剰伐採による森林の荒廃といわれている。他方、日本では、林業の衰退によって、「人工林」の手入れ不足や放置が著しく、これが森林環境保全機能の劣化の要因となっている。これらは、地理的な配置では、概ね西日本において、特に近畿、四国地方に相対的に多くみられる現象と考えられる。

一方、この問題を林業政策の経緯から捉えると、日本では、「人工林」は増加し、自給率もやや上向き、林業は再生のきざしがある。政府は2011年に「森林・林業基本計画」を変更し「森林施業計画制度」から「森林経営計画制度」への移行をし、所有と「施業」から利用と経営へ転換を図った。「人工林」に関しては、面的にまとめ、かつより一層の木材生産の「効率化」を図っている。ところが、近年の「間伐」の採算性をみると、多くの地域では、利益はほとんど発生していないことから、効率的な「施業」は行われていないのではないかと考える。そこで本稿では、8つの一般的成功例を詳細に分析し、「経営体」などが、人工林整備促進に効果を与える要素を抽出し、より一般化したモデルを構築することにより、人工林整備に適した一般的な社会経済的条件としてまとめることとした。

第Ⅱ章では、既存研究を整理した。最初に、海外の森林・林業政策を概観した。人工林林業の歴史が日本と類似しているが、現在林業が盛んな国を選択し、資料として、既存研究、及びFAO（国連食糧農業機関）の統計を用い、その国の「森林法」と日本のそれとを比較した。次に、林業経営への取り組みの違いを検討し、日本の森林・林業の課題をより明確にした。

次に、日本林業の旺盛期における「地主制」、及び「林業地代論」について整理した。そして、林業経営の「効率化」を中心とした現代的な理論を検討した。さらに、政策が唱える効率的な林業施業に必要な「林地集約化」の観点から、大規模所有森林に着目した。これを「大規模共有地」と単独による「大規模所有地」に分け、それぞれにおける森林所有と林業経営に係る議論を政府統計、及び既存研究により整理した。

その結果、森林の所有形態において、多くが小規模で、農林業兼業であるところが日本と類似しているドイツは、「天然更新」による循環型林業を行っている。また、ドイツは、1975年に「連邦森林法」を制定した。その内容は、森林は経済的な利用と環境的な利用の双方から利用されるべきであるとし、森林の経済性と公益性の両立を目指すコンセプトを明確にしている。

これと比して、日本の「森林法」は、主として林業政策と国土保全の観点から、国による「森林計画制度」にもとづき林業生産することを指図するトップダウン方式による、森林・林業の仕様書としての役割を果たすものである。この点は、ドイツとの大きな相異点と考えられる。

一方、ドイツが高い林業生産性を上げている要因は、第一に路網整備の促進による、路網密度の高さであり、これによる「機械化」が生みだす「効率化」が木材の生産コストを大幅に低減していることによると考えられる。したがって、日本林業は、地籍調査などによる森林の境界の明確化、及び所有者の明確化により早急に路網整備を進めるべきであることがわかった。

第二に、針葉樹に特化した大型製材業における生産集中化による製材製品の強みがあり、第三には、この需要の大型化を支える供給先の確保として、「森林組合」による中・小規模森林所有者の小口生産の「集約化」がある。

一方、日本林業の経営は、これまで自然の力によるところが多く、技術開発などによる生産性の増大は、ほとんど図られず、生産の「効率化」は遅れていた。最近になって、林業を経営の視点、中でも生産性の増大や生産コストの低減の視点から捉える必要性が唱えられ、木材流通の簡略化の改善、また、木材の高付加価値化が注目されている。

そして、これらの改革を行うためには、生産側における大量で安定的な木材供給が必要であるとするところから、次に大規模所有森林に着眼した。その所有形態は、概略すると２つに分かれ、その１に「共有」によるものがある。この森林利用に係る理論として代表的なものに「コモンズ論」がある。その２には、森林所有主体による林業の活発化に係る理論がある。これに関しては「家族農林業経営体」に代表される、「小規模所有森林」の経営体が、施業受託によって、素材生産性を上げているとする理論がみられた。

第Ⅲ章～第Ⅴ章では、８つの事例研究を行った。兵庫県宍粟市、及び高知県大豊町における大規模木材加工施設の建設、さらに岡山県真庭市における木材のエネルギー利用のための大規模木材集積基地建設、兵庫県宍粟市の大規模共有林における人工林整備、また、村の「要綱」により土地利用の一体化を図っている宮崎県諸塚村の事例、及び滋賀県栗東市の団体有林における人工林整備活動、兵庫県宍粟市と鳥取県智頭町における、森林所有主体の林業生産活動による人工林整備である。

その結果、人工林整備が持続可能性を獲得し、進められるケースでは、以下の3つのメカニズムが重要であることを第Ⅵ章～第Ⅷ章で考察した。

第Ⅵ章では「センター機能モデル」の抽出を行った。

(「兵庫県宍粟市」「高知県大豊町」「岡山県真庭市」で成立している手法)：兵庫県宍粟市の事例は、協同組合による生産・加工・流通の一体化を図った大規模木材加工施設建設の構築である。ここでは、「規模の経済」を活かした木材のカスケード利用による付加価値の増大と流通の簡略化が図られている。「おおとよ製材」では、高知県が県産材の加工力増大を目指して支援している。また、岡山県真庭市は、市と地元木材産業などが一体となって大規模木質バイオマス事業に取り組み、木材の付加価値を増大し、人工林整備を促進している。大規模木材加工施設建設が牽引する所有者還元価格増大の分析では、センターを伴わない「京都府南丹市日吉町」の事例とセンターを伴う「兵庫県宍粟市」の事例を分析した結果、木材の所有者に還元する「所有者還元価格」をみると、前者の4800円/m^3に対して後者は7600円/m^3となり、大幅に多くなっていることがわかった。また、費用曲線の分析からも、「規模の経済」の効果が証明できた。

第Ⅶ章では、「入会慣習機能モデル」の抽出を行った。

(「兵庫県宍粟市」「宮崎県諸塚村」「滋賀県栗東市」で成立している手法)：元々共同体的遺制として近代化の障害として廃止を求められてきた入会制度であるが、現代的役割が与えられつつあることを示す。一宮町における作業道設置件数と「縁故使用地」面積、「団地化」面積との相関関係を回帰分析したところ、回帰式の当てはまりは良く、要因の関連性が大きい。すなわち、入会が林業再生に効果がある。但し、林業衰退下の日本の「入会林野」による林業再生は、林業が盛んな国を背景にしたこれまでのオストロムの「コモンズ論」よりは、「ソーシャル・キャピタル」により解釈できる新しいモデルとして提示できる。「入会の現代的変容型林野」か、入会慣習の残渣が機能している地域では、森林の「面的まとまり」と合意形成の容易な関係が存続し、路網整備が進んでいる。さらに、隣接の所有者と協働で経営規模を大規模化し、「担い手」の育成もみられ、効率的で持続的な「施業」が行われている。

また、「入会」の一慣習である「総有」の概念を用い、「土地所有権の村外移動禁止」を図り（宮崎県)、経営面積を増やし、組合員と地元商工会、及び地域企業の連携による林業経営の大規模化により、人工林整備を促進している（滋賀県)。

第Ⅷ章では、「**自伐林家機能モデル**」の抽出を行った。
(「兵庫県宍粟市」「鳥取県智頭町」で成立している手法)：１）雇用労働力による「経営体」との比較において、家族労働の場合は、人件費、労災掛金などを低く抑えることができるため、収益性は非常に高い。２)「農地法」の改正により貸借条件を大幅に緩和した。３）林地価格の下落が続いているので、一般的な不動産に多くの例をみる「土地売買」が困難である。森林売買よりもむしろ、短期的な「施業管理受委託契約」による「経営面積の拡大」が「林地集約化」を容易にしていると考えられる。以上から、大規模「自伐」が、自己所有森林を核として、他社所有森林の施業受託による「林地集約化」を行うことが有望となる。さらに自らの不動産の資産価値の上昇が見込まれる場合は、「小規模所有森林」における「集約化」も行う。

第Ⅸ章では、３つのモデルの本質である２つのシステムの抽出を行った。
：以上の３つのモデルは、「所有と利用の分離」と連動した、①事業メカニズム（大規模化による「規模の経済」の実現）の構築、②土地システム（「林地集約化」のための「ソーシャル・キャピタル」による路網整備の促進）の構築の２つのシステムに集約することができる。①事業メカニズムには、「センター機能モデル」の「規模の経済」を活かした大規模化がメインになるが、「入会慣習機能モデル」「自伐林家機能モデル」による「集約化」も「規模の経済」に貢献する。②土地システムには、「入会慣習機能モデル」が森林の「面的まとまり」の保持、及び合意形成にメインで貢献するが、「センター機能モデル」「自伐林家機能モデル」による「集約化」にも貢献している。

第X章では**結論**を述べた。

以上から、8つの一般的成功例を詳細に分析した結果、どの地域でも応用できるような人工林整備に適した条件は、「所有と利用（経営）の分離」と連動した事業メカニズムと土地システムの構築であるといえる。

おわりにでは、各章のまとめを行った。

【参考文献】

相川高信（2012）『先進国型林業の法則を探る』、全国林業改良普及協会。
相川高信（2014）『林業地域が成功する条件とは何か』、全国林業改良普及協会。
石渡貞雄（1952）『林業地代論』、農林統計協会。
泉英二（1996）「林政の展開と林業経営」『農林業問題研究』第123号。
泉桂子（2010）「林業公社の意義についての再検討」『林業経済』Vol. 56、No. 3。
池田憲昭（2008）「ドイツからみた日本の森林・林業の課題」『総研レポート』20基研、No. 4、農林中金総合研究所。
一宮町史編集委員会（1985）『一宮町史』。
一宮町企画室（1981）『一宮町勢要覧』。
一宮町役場総務課（1969）『町勢概要いちのみや』。
一宮町歴史副読本編集委員会（2002）『いちのみやの歴史』。
井上貴子（2011）『森林破壊の歴史』、明石書店。
井上真・宮内泰介（2001）『コモンズの社会学』、新曜社。
今泉裕治（2012）「造林」（遠藤日雄編『改定現代森林政策学』、日本林業調査会）。
植田幸秀（2012）「材積間伐率と本数間伐率の関係」「鳥取県林業試験場研究報告」No. 44。
内田貴（2012）『民法』Ｉ総則・物権総論、東京大学出版会。
遠藤日雄（2003）「森林・林業基本法と担い手問題」『林業経済』Vol. 49、No. 1。
遠藤日雄（2011）『原木広域流通モデル総論』活木活木（いきいき）森ネットワーク。
遠藤日雄（2012）「日本における森林政策の展開過程」（遠藤日雄編『現代森林政策学』、日本林業調査会）。
大内幸雄（1987）「拡大造林政策の歴史的展開過程」『林業経済』（111）. 3-11. 1987-03。
大阪市立大学経済研究所（1978）『経済学辞典』第２版 岩波書店。
大塚生美（2013）「農林業センサスに内在する諸問題と活用」『農村計画学会誌』Vol. 32、No. 1。
大場民男（2012）『事例にみる法人格なき団体』、新日本法規出版。
小笠原隆三・城内正行・今嶌太（1992）「分収育林制度に関する意向調査」（Ⅱ）『鳥取大学農学部演習林研究報告』No. 21。
尾浪正雄・北島照明・石山義衛（1978）『不動産民法』、週刊住宅新聞社。
戒能通孝（1977）『戒能通孝著作集』（Ｖ「入会」）、日本評論社。

笠原六郎（1989）「入会林野政策の軌跡と入会の現代的意義」『林業経済』No. 116。
梶原康太郎（2011）「急がれる国産材製材の基盤強化」鶴崎商事。
梶山恵司（2011）『日本林業はよみがえる』、日本経済新聞出版社。
梶山恵司（2005）「ドイツとの比較分析による日本林業・木材産業再生論」『研究レポート』No. 216、富士通総研経済研究所。
桂川裕樹（2012）「自然環境保護」（遠藤日雄編『改訂現代森林政策学』、日本林業調査会）。
神沼公三郎（2012）「ドイツ林業の発展過程と森林保続思想の変遷」『林業経済』Vol. 58、No. 1。
川島武宜（1983a）『川島武宜著作集』（第八巻）、岩波書店。
川島武宜（1983b）『川島武宜著作集』（第九巻）、岩波書店。
岸修司（2012）『ドイツ林業と日本の林業』、築地書館。
北川泉（1986）「公社・公団造林の現段階的意味」『林業経済』No. 109。
熊崎実（2000）「持続可能な社会の構築と森林への期待」『森林科学』28、2002. 2。
熊崎実（2014）「木質エネルギービジネスの近未来」『環境ビジネス』2014 春。
黒木三郎・熊谷開作・中尾英俊（1974）『全国山林原野入会慣行調査』、青甲社。
黒木三郎・（1969）「入会権と入会林野近代化法」『法社会学』Vol. 1969、No. 21。
黒瀧秀久（2005）『日本の林業と森林環境問題』）、八朔社。
『神戸新聞』2015 年 8 月 3 日。
神戸地方法務局龍野支局（2015）「宍粟市一宮町東河内旧土地台帳、写し」。
興梠克久（2009）「家族林業経営体の現状分析」（餅田治之・志賀和人編『日本林業の構造変化とセンサス体系の再編』、農林統計協会）。
興梠克久（2010）「林業事業体の経営展開と林業労働問題」『林業経済』Vol. 56、No. 1。
興梠克久（2013）「林業経営体の概要とセンサス分析の可能性」（『日本林業の構造変化と林業経営体』、農林統計協会）。
興梠克久・佐藤宣子・家中茂（2014）「再々燃する自伐林家論」（『林業新時代―「自伐」がひらく農林家の未来』、農山魚村文化協会）。
興梠克久（2015）『緑の雇用のすべて』、日本林業調査会。
小堂朋美（2013a）『不動産分析の観点からみた林業地域再生のモデルの可能性』、大阪公立大学共同出版会。
小堂朋美（2013b）「不動産分析の観点からみた林業地域再生モデルの可能性」『日本土地環境学会誌』第 20 号。

小堂朋美（2015）「入会林野の伝統が現代的な人工林整備に有利に働く効果」『創造都市研究』Vol. 11、No. 1。
後藤國利・藤野正也（2013）『林家と地域が主役の「森林経営計画」』、全国林業改良普及協会。
小長井信宏（2011）「流域林業経営モデルエリアにおける利用間伐推進の連携」、兵庫県西播磨県民局光都農林水産振興事務所。
小長谷一之・塩沢由典編著（2008）『まちづくりと創造都市―基礎と応用―』、晃洋書房。
小長谷一之・塩沢由典編著（2009）『まちづくりと創造都市２』、晃洋書房。
小長谷一之（2011）「ミクロ経済論」『大阪市立大学大学院創造都市研究科基礎科目テキスト』。
小長谷一之・福山直寿・五嶋俊彦・本松豊太（2012）『地域活性化戦略』、晃洋書房。
小長谷一之（2015）「インターネットと都市産業経済の変化」『第三の産業革命経済と労働の変化』、角川学芸出版。
駒木貴彰（2006）「これからの私有林政策のあり方と課題」、『林業経済研究』Vol. 52、No. 1。
酒井秀夫（2012）「路網整備と林業機械化」（遠藤日雄編『改訂現代森林政策学』、日本林業調査会）。
堺正紘（2003）『森林資源管理の社会化』、九州大学出版会。
堺正紘（2005）「生産森林組合をめぐる２つの問題」『村落環境研究会』（１）2005. 3。
佐藤宣子（2012a）「共有林・財産区・生産森林組合を現代に生かす」『現代林業』、全国林業改良普及協会。
佐藤宣子（2012b）「経営組織と住民実行組織の二人三脚で守り育てる財産区」『現代林業』、全国林業改良普及協会。
佐藤宣子（2013a）「「森林・林業再生プラン」の政策形成・実行段階における山村の位置づけ」『林業経済研究』Vol. 59、No. 1。
佐藤宣子（2013b）「家族林業経営体の農業構造および農林業経営体による素材生産の実態」『日本林業の構造変化と林業経営体』、農林統計協会。
澤田智（2005）「入会林野整備実施過程における県行政の政策志向」『農業経済研究報告』37 巻、東北大学農学部農業経営学研究室。
宍粟市（2013）「市勢要覧」。
宍粟市（2014）「広報宍粟」６月号。

宍粟市産業部（2012）「森と共に生きるまち宍粟市」。
宍粟市林業振興課（2016）「宍粟郡一宮町内　森林経営計画認定状況」。
宍粟郡一宮町（2005）『兵庫県宍粟郡一宮町小字地名集』。
宍粟郡役所（1923）『宍粟郡誌』。
しそう森林組合（2016）「平成25～30年度　経営計画（造林事業）事業年度別定数量」。
嶋村紘輝・横山将義（2006）『ミクロ経済学』、ナツメ社。
白石則彦（2012）「森林計画制度と林業施業」（遠藤日雄編『改訂現代森林政策学』、日本林業調査会）。
末光祐一（2013）『Q＆A農地・森林に関する法律と実務』、日本加除出版。
鈴木喬（2001）「山村問題と森林管理の今日的諸相」『林業経済研究』Vol. 47、No. 1。
鈴木尚夫（1984）「林業経済の理論　林業経済の基礎理論」（鈴木尚夫編著『現代林業経済論』、日本林業調査会）。
全国林業改良普及協会（2012）「生産森林組合がリーダーシップを発揮して地域の森林管理を推進」『現代林業』、2012. 7。
高村学人（2017）「過少利用時代からの入会権論再読―実証分析に向けた覚書」『土地総合研究』2017年春号。
建部好治（1997）『土地価格形成論』、清文社。
建部好治（2013）『不動産価格バブルは回避できる』、大阪公立大学出版会。
田中信世（2001）「ドイツの人口問題と移民政策」『ITI季報』Winter2001. No. 46。
田畑保「グローバリゼーション下の日本農業とその地域性」（農業問題研究学会編『グローバル資本主義と農業』、筑波書房）。
千葉徳爾（1991）『はげ山の研究』、そしえて。
東京法経学院講師室（2005）『詳細不動産六法』、東京法経学院出版。
京都大学農林水産統計デジタルアーカイブ講座によるプロジェクト研究。
富山和子（2005）『環境問題とは何か』、PHP研究所。
中尾英俊（1966）「入会林野に係る権利関係の近代化の助長に関する法律について」『林業経済』19（9）。
中尾英俊（1984）『入会林野の法律問題』、勁草書房。
中川恒治（1998）「入会権の解体過程に関する研究」『信州大学農学部演習林報告』34。
中嶋健造（2015）『New自伐型林業のすすめ』、全国林業改良普及協会。

中村忠（2009）「入会林野の現状と入会権研究の動向とその課題」『高崎経済大学論集』、第51巻第4号。
中村英夫・坂本貞・本田裕（1987）「わが国における地籍調査の現状と課題」『日本不動産学会誌』第2巻4号。
永田信（2012）「世界と日本の森林・林業」（遠藤日雄編『改訂現代森林政策学』、日本林業調査会）。
日本大百科全書（1988）小学館。
『日本経済新聞』2014年8月14日。
『日本経済新聞』2016年1月11日。
『日本経済新聞』2017年6月12日。
日本不動産研究所（2016）『山林素地及び山元立木価格調』『田畑価格及び賃借料調』。
野々田三郎（1985）「間伐、枝打ちによる林内照度調節」『森林立地』27（1）。
農業と経済編集委員会（2016）『農業と経済』、昭和堂。
半田良一（2001）「生産森林組合と入会林野の50年史」『林業経済』2001・11。
半田良一（1984）「林業生産力と森林経営」（『現代林業経済論』、日本林業調査会）。
東河内株山共有林（2015年閲覧）「森林共有者規約証書」。
東河内株山共有林（2014）「決算報告書」。
東河内株山共有林（2015）「東河内株山共有林地図」。
東河内株山共有林（2014年閲覧）「東河内株山共有林管理計画の概要」。
東河内株山共有林（2013、2014）「森林環境保全林整備事業精算書」。
東河内生産森林組合（2015）「低コスト団地配置計画地図」。
東河内生産森林組合（1985）「東河内生産森林組合規約」。
東河内生産森林組合（2015）「生産森林組合通常総会議案」。
東河内生産森林組合（2015）「次代に引き継ぐ林業経営」。
東山寛・小池晴伴・井上誠司（2008）「土地利用型農業の再構築と北海道農業」（農業問題研究学会編『土地の所有と利用』、筑波書房）。
久末弥生（2011）『アメリカの国立公園法』、北海道大学出版会。
日花弘子（2014）『仕事に役立つExcel統計解析』、SBクリエイティブ。
兵庫県広報誌（2015）『ニューひょうご』夏号。
兵庫県治山林道協会・兵庫県緑化推進協会（2010、2013年度）『ひょうごの森林・林業』。
兵庫県農政環境部（2000、2010～2013年版）『兵庫県林業統計書』。

兵庫県農政環境部（2016）「2015年度原木等の安定供給の取組状況」。
広島修道大学森林バイオマス研究会（2013）『森林バイオマス活用の地域開発』、中央経済社。
福島康記（1984）「森林所有と林業経営」『現代林業経済論』、日本林業調査会。
藤掛一郎（2009）「林業経営体下の林業従事者と作業実施：日本の林業生産活動の一元的把握」餅田治之・志賀和人編著『日本林業の構造変化とセンサス体系の再編』、農林統計協会。
藤木俊行・岡本健（2012）「間伐木の全量搬出を目指して」『機械化林業』No. 701。
藤田幸一郎（2011）「近代ドイツの森林問題」（井上貴子編著『森林破壊の歴史』、明石書店）。
船越昭治（1984）「資本主義の発展と林業・林政」（『現代林業経済論』、日本林業調査会）。
ブリタニカ国際大百科事典 小項目版（2014）、ブリタニカ・ジャパン。
細田衛士『環境と経済の文明史』、NTT出版。
堀靖人（2013）「ドイツの林業・林産業における近年の動き」『森林科学』68。
堀靖人・石崎涼子・久保山裕史・平野均一郎（2013）「ドイツにおける新しい森林組合」『林業経済研究』Vol. 59、No. 1。
堀靖人（1994）「ドイツの林業経営と森林組合」『林業経済研究』No. 126。
松岡利哉（2011）「森林評価の課題と今後の展望（上）」（『不動産鑑定』第48巻、第1号）。
真庭市産業観光部（2012）「真庭地域における木材活用の実態と課題」。
真庭市産業観光部（2012）「バイオマスタウン真庭の取り組み」。
三井情報開発総合研究所（2004）「ドイツにおける外国人労働者受入れ制度と社会統合」。
三木敦朗（2011）「林業における資本と土地所有の現段階」『林業経済研究』Vol. 57、No. 1。
室田武・三俣学（2004）『入会林野とコモンズ』、日本評論社。
餅田治之・志賀和人（2009）『日本林業の構造変化とセンサス体系の再編』、農林統計協会。
諸塚村（1962）『諸塚村史』。
安田芳樹（2006）『決算書がやさしく読める本』、あさ出版。
矢野久（2010）『労働移民の社会史、戦後ドイツの経験』、現代書館。
矢房孝広（2011）「森林の所有権と持続可能な森林管理システム」『現代林業』。

山縣光晶（1999）「ドイツの森林・林業」『諸外国の森林・林業』、日本林業調査会。
山岸清隆（2001）『森林環境の経済学』、新日本出版社。
山下詠子（2011）『入会林野の変容と現代的意義』、東京大学出版会。
横山英信（2008）「WTO 農業交渉の動向と「農政改革」の基本的性格」『グローバル資本主義と農業』、筑波書房。
吉岡祥充（2000）「森林保全と森林法の論理」（甲斐道太郎、見上崇洋編『新農基法と 21 世紀の農地・農村』、法律文化社）。
『読売新聞』2016 年 5 月 4 日。
林野庁（2010、2011、2016 年度）『森林・林業白書』。
我妻榮（1965）『我妻栄　民法案内　Ⅳ』、日本評論社。
NPO 法人　持続可能な環境共生林業を実現する自伐型林業推進協会（2016）「自伐型林業を実践する若者たち」。
Partha Dasgupta (2006) *“Economics”* 植田和弘・山口臨太郎・中村裕子訳（2013）『経済学』、岩波書店。

【ホームページ参考資料】

青森県庁ウェブサイト（2006）「青森県分収造林のあり方検討委員会、中間報告」。
http://www.pref.aomori.lg。
茨城県庁 HP（2012 年度）「森林・林業用語ー茨城県」。
http://www.pref.ibaraki.jp。
イワフジ工業株式会社 HP
www.iwafuji.co.jp/products/forest_gs.html。
大豊町 HP（2013～2016 年度）「木材加工流通施設整備事業費補助金交付要綱」。
大豊町 HP「プロフィール」「地勢・要覧」。
http://www.town.otoyo.kochi.jp/prof/aramasi.php。
岡山県 HP（2010、2015 年度）「農林業センサス」。
www.pref.okayama.jp。
樫尾昌秀 HP「東南アジアの森林減少の要因と進む対策」。
www.gef.or.jp/forest/kashio.htm。
環境省 HP「世界の森林と保全方法」「フォレストパートナーシップ・プラットフォーム」。
環境省 HP（2012 年度）「森林対策」。
以上、www.env.go.jp/nature/shinrin/fpp/worldforest/index.html。

環境省 HP「カーボン・オフセット」。
http://www.env.go.jp。
関西電力 HP「プレスリリース」。
http://www.kepco.co.jp。
岐阜県森林研究所 HP、大洞智宏「長伐期施業の効果」。
www.forest.rd.pref.gifu.lg.jp。
高知県庁 HP「林業振興・環境部」「再造林・育林の低コスト化に関する指針」。
高知県庁 HP「行政管理課」(2015 年度)「県が資本金等の 25％以上を出資する団体等の経営状況」。
以上、www.pref.kochi.le.jp。
高知県教育委員会事務局 HP「高知県の社会経済の状況」。
www.kouchinet.ed.jp。
高知県庁 HP「産業振興計画」(2016 年度)「「嶺北地域アクションプラン」の進捗状況等について。
www.sanshin.pref.kochi.lg.jp。
国土交通省 HP (2009 年度)「管理放棄地の現状と課題について」。
www.mlit.go.jp。
国土交通省 HP「国土利用計画法」。
www.mlit.go.jp。
国土交通省 HP「地籍調査」(2012 年度)「全国の地籍調査の実施状況」。
http://www.chiseki.go.jp。
自然エネルギー研究センター HP「Renews Special」。
www.renewables-in-germany.om。
新エネルギー新聞 HP (2017 年度)「朝来バイオマス発電所」。
http://www.neweneygy-news.com。
宍粟市 HP (2017 年度)「宍粟市人口ビジョン」。
www.city.shiso.lg.jp/ikkrwebBrowse/material/files/。
しそう SNS・E宍粟 (2016 年度)「知事定例記者会見」。
http://shiso-sns.jp。
宍粟市 HP「第 321 回宍粟市議会定例会会議録」。
www.city.shiso.lg.jp。
自然エネルギー研究センター HP (2014)「ドイツ・再生可能エネルギー・エージェンシー」「ドイツにおける木質バイオマスエネルギー」。

www.nerc.co.jp。
自然エネルギー財団 HP「バイオマス発電を支える地域の木材と運転ノウハウ」。
http://www.renewable-ei.org/column_r/REapplication_20170620.php。
新エネルギー新聞 HP（2017）「兵庫県に「朝来バイオマス発電所」運開」。
http://www.newenergy-news.com。
森林組合法 HP。
www.elaws.e-gov.go.jp。
森林総合研究所 HP（2010）「強度間伐施業のポイント」。
www.ffpri.affrc.go.jp。
森林・林業白書 HP（2009 年度）「我が国の林業の課題」。
www.rinya.maff.go.jp。
全国森林組合連合会 HP「間伐」。
http://www.zenmori.org/kanbatsu/report/。
全国林業改良普及協会 HP「森林所有者のための初級講座」。
www.ringyou.or.jp。
総務省 HP（2015 年度）「国勢調査」。
www.e-stat.go.jp。
総務省 HP「政策」（2017 年度）「地域力の創造・地方の再生」。
http://www.soumu.go.jp。
総務省 HP、高村学人（2017）「コモンズ論および BID 調査から考える地域自治組織」。
www.soumu.go.jp。
高島市 HP「農地を耕作するための売買・貸借（農地法第 3 条、農業経営基盤強化促進法）」。
www.city.takashima.lg.jp。
智頭町森林組合 HP「杉のまち智頭町」。
http://www.chizushinrin.com/。
長伐期林業 HP「長伐期林業の費用分析」。
www.eonet.ne.jp/~forest-energy。
鳥取県庁 HP「鳥取県東部農林事務所」「智頭林業活性化に向けての対策」。
www.pref.tottori.lg.jp。
鳥取県 HP（2016 年度）「智頭町」「まちの概要」。
http://cms.sanin.jp/p/chizu/kikaku/about_chizu/gaiyou/。

鳥取県庁 HP（2015 年度）「鳥取県林業統計」。
www.pref.tottori.lg.jp。
鳥取県庁 HP「東部農林事務所八頭事務所」「八頭郡農林業の概要」。
www.pref.tottori.lg.jp。
内閣官房・内閣府総合サイト「地方創生」。
http://www.kantei.go.jp。
長野県庁 HP「用語の説明―長野県」。
www.pref.nagano.lg.jp。
日本海岸林学会 HP「本数間伐率・海岸林用語集」。
http://jscf.jp/glossary/06HA/honnsuukanbatsuritsu.html。
日本林業調査会 HP「現代林業電子辞典」。
http://www.j-fic.com。
農林水産省 HP「統計情報」（2000、2005、2010、2015 年度）「農林業センサス」。
農林水産省 HP「統計情報」（2000 年度）「農林業センサスの概要」。
農林水産省 HP「統計情報」（2000 年度）「林業関連用語」。
農林水産省 HP「統計情報」（2000、2005、2010 年度）農林業センサス「用語の解説」。
農林水産省 HP「統計情報」（2010 年度）「組織形態別経営体数」。
農林水産省 HP「農地保有合理化事業の概要」。
農林水産省 HP「木材価格統計調査」（2010、2017 年度）「木材価格」。
農林水産省 HP（2012 年度）「森林組合統計」。
農林水産省 HP「食料・農林水産業・農山漁村に関する意向調査」（2011 年度）「林業経営に関する意向調査結果」。
農林水産省 HP「組織・政策」「統計情報」（2017 年度）「木材需給報告書」。
農林水産省 HP「統計情報」（2008 年度）「林業経営統計調査報告書」。
農林水産省 HP「森林組合統計」（2012 年度）「都道府県別内訳表、B 生産森林組合設立動機別組合数」より。
農林水産省 HP 経営局農地政策課（2011 年度）「改正農地法による法人参入」。
以上　www.maff.go.jp。
日田木材協同組合 HP「森林・林業・木材関連用語集」。
www.hitasugi.jp/terminology。
兵庫県 HP（2007 年度）「県産木材供給センター事業化シミュレーション調査報告書」。

兵庫県 HP（2010、2011、2012、2013、2014 年度）「兵庫県林業統計書」。
兵庫県 HP（2010 年度）「西播磨県民局」「兵庫木材センターの整備」。
兵庫県 HP（2014 年度）「農政環境部、農林水産局林務課」「県産木材供給センター総合整備事業」。
兵庫県 HP（2014 年度）「公共事業等審査会の審査報告結果」。
兵庫県 HP（2007 年度）「県産木材供給センター事業化シミュレーション調査報告書」。
以上、https://web.pref.hyogo.lg.jp。
福井県庁 HP「主な用語の解説」。
www.pref.fukui.lg.jp。
北海道治山林道協会 HP「佐々木尚三」（2009）「森林路網とその役割について」。
www.h-chisanrindo.com。
真庭市 HP（2015 年度）「真庭市が出資する法人の経営状況を説明する書類」。
真庭市 HP「真庭市の概要」。
真庭市 HP（2014 年度）「真庭バイオマス集積基地」。
以上、www.city.maniwa.lg.jp。
真庭市議会議事録 HP（2012 年度）「平成 24 年 12 月第 6 回定例会」。
www.gijiroku.net/city.maniwa/。
諸塚村 HP「諸塚のむらづくり」「諸塚方式自治公民館活動」。
諸塚村 HP「諸塚のむらづくり」「諸塚自治公民沿革」。
諸塚村 HP「諸塚のむらづくり」「道づくりと村づくり」。
以上、www.vill.morotsuka.miyazaki.jp。
栗東市 HP（2017 年度）「市政概要」。
http://www.city.ritto.lg.jp。
林野庁 HP（2017 年度）「こども森林館」。
林野庁 HP「審議会等」（2005 年度）「適切な森林管理に向けた林業経営のあり方に関する検討会報告」。
林野庁 HP（2013 年度）「路網と作業システム」。
林野庁 HP「業務資料」（2014 年度）「林内路網密度の諸外国との比較」。
林野庁 HP（2017 年度）「森林環境税の検討状況について」。
林野庁 HP（2011 年度）「森林計画制度」。
林野庁 HP（2012、2014 年度）「森林経営計画制度」。
林野庁 HP（2012 年度）「森林資源の現況」。

林野庁 HP（2016 年度）「森林・林業基本計画」。
林野庁 HP（2016 年度）「森林・林業基本計画のポイント」。
林野庁 HP「分野別情報」（2009 年度）「森林・林業再生プラン」。
林野庁 HP（2015、2016 年度）「森林・林業統計要覧」。
林野庁 HP（2009～2015 年度）「森林・林業白書」。
林野庁 HP（2011、2016 年度）「森林法の一部を改正する法律の概要」。
林野庁 HP（2013 年度）「森林及び林業の動向」。
林野庁 HP（2014 年度）「森林及び林業施策概要」。
林野庁 HP（2012 年度）「森林経営計画ガイドブック」「森林経営委託契約書（雛形案）」。
林野庁 HP（2012 年度）「森林管理・環境保全直接支払制度」。
林野庁 HP（2015 年度）「地域への還元利益を実現した木質バイオマス発電」。
林野庁 HP（2012 年度）「発電利用に供する木質バイオマスの証明のためのガイドライン」。
林野庁 HP（2014 年度）「木材価格の動向」。
林野庁 HP（2015 年度）「木材需給の推移」。
林野庁 HP（2017 年度）「木材需給報告書」。
林野庁 HP（2010 年度）「緑の雇用」。
林野庁 HP（2016 年度）「林業就業支援ナビ」。
林野庁 HP（2011 年度）「林業の生産性向上の取組」。
林野庁 HP「統計情報」（2012 年度）「都道府県別森林率・人工林率」。
林野庁 HP「分野別情報」（2015 年度）「林業労働力の動向」。
林野庁 HP（2016 年度）「整備課調べ」。
以上、www.rinya.maff.go.jp。
林野庁 HP（2001 年度）「森林・林業基本法」。
林野庁 HP（1951、2016 年度）「森林法」。
林野庁 HP（1968、1983、1991、2011、2016、2017 年度）「森林改正法」。
以上、http://law.e-gov.go.jp。
ウェブ weblio（2017）「英和和英辞書」。
https://www.bing.com。
bmel、HP（2015）de「HOLZ MARKT BERICHT」（木材市場報告）。
http://www.bmel.de。
FAO（Food Agriculture Organization of The United Nations）（国連食糧農業機

関)、HP（2015)「各国報告」。

FAO、HP（2015)「Grobal Forest Resources Assessment」。

FAO、HP（2015)「Countries」「Forests and the forestry sector」「Germany」。

以上、http://www.fao.org.forestry/country/57478/en/deu。

謝　辞

本書は、2018年5月に大阪市立大学大学院に提出した博士論文「日本の森林環境の持続可能な保全のための人工林整備に適した一般的な経済・社会的条件の研究」を加筆・修正したものです。

本書を書き上げるに当たり、大阪市立大学大学院教授　小長谷一之先生には、修士課程修了までの2年間、その後の1年間、博士課程修了までの4年間半の長年にわたり、いつも温かく、熱心に、的確なご指導をくださいましたことを、心より厚くお礼申し上げます。

また、大阪市立大学大学院教授　久末弥生先生には、法的な視点から森林環境保全に関する貴重なご指導と励ましをいただき、厚くお礼申し上げます。大阪市立大学大学院准教授　金子勝規先生には、全体の文章構成から用語の説明の仕方に至るまで、とても丁寧なご指導と励ましをいただき、厚くお礼申し上げます。

そして、大阪市立大学大学院非常勤講師　建部好治先生には、長年にわたり、既存研究の読み方から、対外的な研究活動、情報収集に至るまで、熱心にご指導いただき、心より厚くお礼申し上げます。

次に列記致しました方々には、ご多忙中にもかかわらず、丁寧な対応に貴重な時間を割いていただき、その上、大切な資料をご提供くださったことを厚くお礼申し上げます。なお、下記の御役職名は、当時の役職名であることをお許しください。

兵庫県丹波農林振興事務所所長、元兵庫県農政環境部農林水産局林務課副課長
　谷口俊明　様
協同組合兵庫木材センターの皆様
東河内株山共有林理事　石原武典　様
東河内生産森林組合長　長野豊彦　様
生栖生産森林組合長　小林温　様
宍粟市企画総務部次長　世良智　様
宍粟市産業部林業振興課長　坂口知巳　様

兵庫県光都農林振興事務所森林林業課長補佐　新見満　様
兵庫県光都農林振興事務所森林林業課主任　西野有希　様
しそう森林組合林産販売課副課長　蒬場昭人　様
兵庫みどり公社西播磨事務所業務第Ⅰ課長　猶原良人　様
兵庫みどり公社西播磨事務所課長補佐　谷口正樹　様
兵庫県緑化推進協会　浦杉圭作　様
高知県林業振興・環境部主任　公文敬介　様
高知県林業振興・環境部チーフ　大石尚　様
高知県林業振興・環境部チーフ　工藤俊哉　様
鳥取県智頭町山村再生課主任　山田憲昭　様
宮崎県諸塚村産業課課長補佐　田丸光大　様
金勝生産森林組合長理事　澤幸司　様

【著者略歴】

小堂朋美（こどうともみ）

1974年、同志社大学商学部卒業。兵庫県教育委員会勤務の後、宅地建物取引士として1977年から株式会社冨久屋商事取締役に就任。不動産鑑定業、宅地建物取引業に携わる傍ら、2005年から2011年まで自然保護団体で、奥山保全・復元のボランティア活動を行う。この間、兵庫県宍粟市、豊岡市などで広葉樹の植林・メンテナンスの実践活動、岐阜県、石川県では天然林見学ツアーの企画・運営を行った。2011年4月に森林保全活動をいかにサスティナブルな形で継続して成果を挙げていくかという問題を追及するために大阪市立大学大学院創造都市研究科修士課程に入学、2013年修士論文「不動産分析の観点からみた林業地域再生モデルの可能性」をまとめ「修士（都市政策）」の学位を受ける。2018年、博士論文「日本の森林環境の持続可能な保全のための人工林整備に適した一般的な経済・社会的条件の研究」をまとめ「博士（創造都市）」の学位を受ける。

単著に『不動産分析の観点からみた林業地域再生モデルの可能性』（大阪公立大学共同出版会）がある。そのほか、「木材のカスケード利用による森林環境保全型林業再生モデル」『日本土地環境学会誌』第22号、「「入会林野」の伝統が現代的な森林整備に有利に働く効果」『創造都市研究』第11号1号、「小規模森林所有集約化の鍵となる大規模「自伐林家」の経営の成立条件」『日本環境共生学会誌』研究ノートVOL. 32がある。

「日本土地環境学会」会員。

「日本都市学会」「近畿都市学会」会員。

「日本環境共生学会」会員。

OMUPの由来
大阪公立大学共同出版会（略称OMUP）は新たな千年紀のスタートとともに大阪南部に位置する５公立大学、すなわち大阪市立大学、大阪府立大学、大阪女子大学、大阪府立看護大学ならびに大阪府立看護大学医療技術短期大学部を構成する教授を中心に設立された学術出版会である。なお府立関係の大学は2005年４月に統合され、本出版会も大阪市立、大阪府立両大学から構成されることになった。また、2006年からは特定非営利活動法人（NPO）として活動している。

Osaka Municipal Universities Press (OMUP) was established in new millennium as an association for academic publications by professors of five municipal universities, namely Osaka City University (OCU), Osaka Prefecture University (OPU), Osaka Women's University, Osaka Prefectural College of Nursing and Osaka Prefectural College of Health Sciences that all located in southern part of Osaka. Above prefectural Universities united into OPU on April in 2005. Therefore OMUP is consisted of two Universities, OCU and OPU. OMUP has been renovated to be a non-profit organization in Japan since 2006.

日本林業再生のための社会経済的条件の分析とモデル化

2019年４月20日　初版第１刷発行

著　者　小堂　朋美
発行者　足立　泰二
発行所　大阪公立大学共同出版会（OMUP）
〒599-8531 大阪府堺市中区学園町１－１
大阪府立大学内
TEL　072(251)6533
FAX　072(254)9539
印刷所　株式会社太洋社

ISBN978-4-909933-01-0